全国青少年软件编程等级考试

Hello World
编程日 爱上编程 Programming

中国电子学会全国青少年软件编程等级考试配套用书

青少年软件编程 基础与实战

图形化编程
二级

■ 蒋先华 主编　■ 李梦军 审校

U0383116

人民邮电出版社
北京

图书在版编目（CIP）数据

青少年软件编程基础与实战. 图形化编程二级 / 蒋先华主编. -- 北京 : 人民邮电出版社, 2021.4
（爱上编程）
ISBN 978-7-115-55816-9

Ⅰ. ①青… Ⅱ. ①蒋… Ⅲ. ①程序设计－青少年读物
Ⅳ. ①TP311.1-49

中国版本图书馆CIP数据核字(2021)第038449号

内 容 提 要

　　图形化编程指的是一种无须编写文本代码，只需要通过鼠标拖曳相应的图形化指令积木，按照一定的逻辑关系完成拼接就能实现编程的形式。

　　本书作为全国青少年软件编程等级考试（图形化编程二级）配套学生用书，基于图形化编程环境，遵照考试标准和大纲，带着学生通过一个个生动有趣的游戏、动画范例，在边玩边学中掌握考核目标对应的知识和技能。标准组专家按照真题命题标准设计的所有范例和每课练习更是有助于学生顺利掌握考试大纲中要求的各种知识。

　　本书适合参加全国青少年软件编程等级考试（图形化编程二级）的中小学生使用，也可作为学校、校外机构开展编程教学的参考书。

　◆　主　　编　蒋先华
　　　责任编辑　周　明
　　　审　　校　李梦军
　　　责任印制　陈　犇
　◆　人民邮电出版社出版发行　　北京市丰台区成寿寺路 11 号
　　　邮编　100164　电子邮件　315@ptpress.com.cn
　　　网址　https://www.ptpress.com.cn
　　　北京捷迅佳彩印刷有限公司印刷
　◆　开本：787×1092　1/16
　　　印张：8.75　　　　　　　　　2021 年 4 月第 1 版
　　　字数：152 千字　　　　　　　2025 年 3 月北京第 10 次印刷

定价：79.00 元

读者服务热线：(010)53913866　印装质量热线：(010)81055316
反盗版热线：(010)81055315

编委会

名词对照表

请注意，Scratch 兼容版或其他书中可能会采用不同的名词表示相同的概念。

级别	本书中采用的名词	Scratch 兼容版或其他书中可能会采用的名词
一级	积木	模块、指令模块、代码块
一级	代码	脚本、程序、图形化程序（在本书中，我们用"代码"来称呼一组程序片段，用"程序"称呼整个项目的所有角色的完整代码）
一级	选项卡	标签
一级	分类	类别
二级	确定性循环	确定次数循环、定数循环、for 语句
二级	选择结构	判断结构、分支结构
二级	单分支选择结构	单一分支
二级	方向键	方向控制键、上下左右控制键
二级	不确定性循环	直到型循环、不定数循环、while 语句
二级	麦克风	话筒、声音传感器
二级	波形图	声波图

前 言

2017 年，国务院发布的《新一代人工智能发展规划》强调实施全民智能教育项目，在中小学阶段设置人工智能相关课程，逐步推广编程教育，鼓励社会力量参与寓教于乐的编程教学软件、游戏的开发和推广。

2018 年，中国电子学会启动了面向青少年软件编程能力水平的社会化评价项目——全国青少年软件编程等级考试（以下简称为"编程等级考试"），它与全国青少年机器人技术等级考试、全国青少年三维创意设计等级考试、全国青少年电子信息等级考试一起构成了中国电子学会服务青少年科技创新素质教育的等级考试体系。

2019 年，编程等级考试试点工作启动，当年报考累计超过了 3 万人次，占中国电子学会等级考试报考总人次的 21%。2020 年共计有 13 万人次报考编程等级考试，占中国电子学会等级考试报考总人次的 60%，其报考人次在中国电子学会等级考试体系中已跃居第一位。

面向青少年的编程等级考试包括图形化编程（Scratch）级和代码编程（Python 和 C/C++）级。图形化编程是一种无须编写文本代码，只需要通过鼠标拖曳相应的图形化积木，按照一定的逻辑关系完成拼接就能实现编程的形式。图形化编程是编程入门的主要手段，广泛用于基础编程知识教学及进行简单编程应用的场景，而 Scratch 是最具代表性的图形化编程工具。

编程等级考试图形化编程（一至四级）指定用书《Scratch 编程入门与算法进阶（第 2 版）》已于 2020 年 5 月出版。为了进一步满足广大青少年考生对于通过编程等级考试的需求和众多编程等级考试合作单位的教学需要，我们组织编程等级考试标准组专家，编写了这套编程等级考试图形化编程（一至四级）配套用书。

本套书基于 Scratch 3 编程环境，严格遵照考试标准和大纲编写，内容和示例紧扣考核目标及其对应的等级知识和技能。其中学生用书针对四级考试分为 4

册，每级 1 册。教师可根据学生的实际情况，灵活安排每一课的学习时间。为了提高学生的学习兴趣，每课设计了生动有趣的游戏、动画范例，带领学生"玩中学"。同时，为了提高考生的考试通过率，编程等级考试标准组专家参照真题的命题标准精心设计了每课的练习巩固和所有范例。

　　本书为编程等级考试图形化编程二级配套学生用书，也可作为学校、校外培训机构的编程教学用书。参加本书编写的作者中，有来自高校的教授，有多年从事信息技术工作的教研员，还有编程教学经验丰富的一线教师，他们也全都是编程等级考试标准组专家。何聪翀老师参与了本书的审稿工作。本书作者－读者答疑交流 QQ 群群号为 809401646。由于编写时间仓促，书中难免存在疏漏与不足之处，希望广大师生提出意见与建议，以便我们进一步完善。

本书编委会
2021 年 3 月

目 录

第 1 课　向城堡出发
——了解舞台坐标

　　小猫喵喵和它的朋友小明是一对爱探险的小伙伴。这天，他们听说森林里有一个神秘的城堡，就跃跃欲试想去探险。他们来到森林远远就望到了那个神秘的城堡。小明害怕城堡里有怪兽，有些打退堂鼓。喵喵胆子大，它让小明在远处望风，自己先进去探探路。于是小明看着喵喵向着城堡的方向前进，最终进入了城堡。范例作品如图 1-1 所示。

　　本课的范例作品，利用**在 × × 秒内滑行到指定坐标**积木控制小猫喵喵从左下角的位置分阶段移动到城堡门前。在移动的过程中，小猫喵喵的外观遵循近大远小的视觉规律逐渐变小，最后在城堡门口被隐藏起来。扫描下方二维码可预览范例作品效果哦！

作品预览

图1-1　"向城堡出发"范例作品

1.1 课程学习

1.1.1 相关知识与概念

1. 认识Scratch舞台坐标系统

要让角色精确地在舞台上运动，就需要舞台坐标系统的帮忙。Scratch 采用如图 1-2 所示的"笛卡儿坐标系"来表示角色在舞台上的位置。

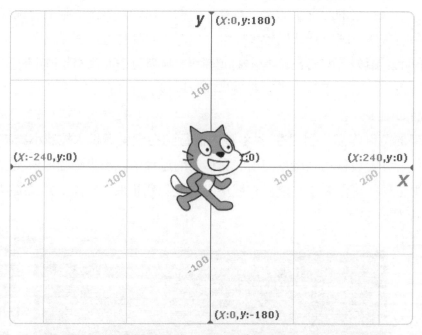

图1-2　Scratch舞台坐标系统

在 Scratch 舞台中心有两条相互垂直的直线，其中水平的这条直线叫作"x 轴"，垂直的直线叫作"y 轴"。

x 轴的坐标值从左往右依次增大。在 Scratch 舞台上，x 轴的最小值是 −240，最大值是 240，因此 Scratch 舞台水平方向一共有 480 个像素，也就是 480 步。

y 轴的坐标值从下往上依次增大。在 Scratch 舞台上，y 轴的最小值是 −180，最大值是"180"，因此 Scratch 舞台垂直方向一共有 360 个像素，也就是 360 步。

x 轴和 y 轴这两条直线相交的点叫作"原点"，它的位置（坐标值）可以用 (0,0)

表示。其中前一个"0"表示 x 轴的坐标是"0"，后一个"0"表示 y 轴的坐标也是"0"。Scratch 舞台上的任意一个位置都可以像原点一样用一组数——(x,y) 表示。

x 轴和 y 轴把 Scratch 舞台划分为 4 个区域，每个区域称为一个"象限"。右上角的区域称为"第一象限"，左上角是"第二象限"，左下角是"第三象限"，右下角是"第四象限"。

试一试　在舞台上找出 $(100,100)$、$(-100,100)$、$(-100,-100)$、$(100,-100)$ 这 4 个点的位置。看看它们分别属于哪个象限？这些象限的坐标有什么特点？

2. 认识新的积木

在 1 秒内滑行到 x 0 y 0：我们把它称作**在 × × 秒内滑行到指定坐标**积木。它属于"运动"分类，功能为让当前角色在指定时间内滑行到参数所指定的舞台坐标位置。积木有 3 个参数，第一个参数用以指定时间，第二个参数和第三个参数分别用于指定 x 坐标和 y 坐标，这两个坐标值会根据当前角色位置的改变而变化。

移到 x 0 y 0：我们把它称作**移到指定坐标**积木。它属于"运动"分类，功能为将当前角色移到参数所指定的坐标位置。积木有两个参数，用于指定所移到位置的 x 坐标和 y 坐标。这两个坐标会根据当前角色位置的改变而变化。

将大小增加 10：属于"外观"分类，功能为将当前角色的大小在原有基础上增加指定值。积木有一个参数，用于指定增加值。

在 Scratch 中，角色默认大小是"100"，参数中的数值是相对于原大小的百分值。如设置为"50"就是在原大小的基础上增加 50%，也就是变化后角色大小为原大小的 150%。如果要缩小，可以使用负数，如"-50"就是在原大小的基础上减少 50%，也就是变化后角色大小为原大小的一半。

将大小设为 100：属于"外观"分类，功能为将当前角色的大小直接设为指定值。积木有一个参数，用于指定设置值。

显示 、隐藏：属于"外观"分类，用于设置当前角色的可视状态，"显示"是在舞台上能够看到当前角色，"隐藏"是在舞台上看不到当前角色。

1.1.2 准备工作

1. 设置舞台背景

本课的范例作品是小猫"向城堡出发"，因此需要从"选择一个背景"对话框中添加名为"Castle 2"的城堡背景图片，同时删除默认的空白舞台背景图片。

2. 设置角色

本课范例的主角是默认的小猫，不用添加其他角色。由于范例中小猫是沿着小路，从舞台左下角走到舞台右上角的城堡门口，因此需要先将小猫拖曳到舞台左下角的小路起点位置。

1.1.3 让小猫走向城堡

本课范例中，小猫花了 4 秒钟，从舞台左下角的起点位置沿着小路走到舞台右上角的城堡入口，如图 1-3 所示。

图1-3 小猫"向城堡出发"路径示范图

具体可以按以下步骤编写代码。

（1）选中小猫角色，将"事件"分类中的**"当绿旗被点击"**积木拖曳到代码区。

（2）将小猫拖曳到舞台左下角，这时它的坐标大致是 (−190,−125)。

（3）将小猫拖曳到第二个位置，比如坐标为 (−110,−80) 的位置。

（4）小猫位置改变后，"运动"分类中的**在 ×× 秒内滑行到指定坐标**积木的坐标参数也会同步更新。将**在 ×× 秒内滑行到指定坐标**积木拖曳到代码区与**"当绿旗被点击"**积木组合。

（5）继续将小猫拖曳到第三个位置，比如坐标为 (−10,−40)，再把同步更新了坐标位置参数的**在 ×× 秒内滑行到指定坐标**积木与前两个积木组合。

（6）按照以上步骤依次将小猫沿小路拖曳到后续的位置，再拖曳更新了坐标参数的**在 ×× 秒内滑行到指定坐标**积木到代码区，与前一个积木组合，直到将小猫移动到城堡门口为止。

小猫走向城堡的代码如图 1-4 所示。

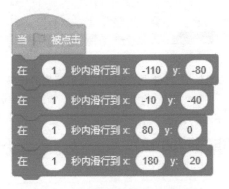

图1-4　小猫走向城堡的代码

想一想　运行图 1-4 所示代码，你发现有什么不完美的地方？打算如何解决？

1.1.4　让小猫在行走过程中越走越小

运行图 1-4 所示的代码可以发现：小猫在走向城堡的过程中，它的大小没有改变，不符合视觉上"近大远小"的规律。要解决这个问题，可以使用"外观"

分类中的**"将大小增加××"**积木。由于小猫是越走越小，因此这个参数的值应该是一个负数。

小猫走到城堡门口后，应该是进入了城堡里面，而不是还停留在城堡门口。要达到这个效果，可以使用**"隐藏"**积木，当小猫走到城堡门口时，把它隐藏起来。

小猫走向城堡，越走越小，最后消失在城堡门口的代码如图1-5所示。

图1-5　小猫越走越小，最后消失的代码

试一试　除了如图1-5所示，使用**"将大小增加××"**积木改变小猫的大小，还可以使用**"将大小设为××"**积木改变小猫的大小吗？这两个积木在使用上有什么不同？

1.1.5　添加初始化代码

运行图1-5所示的代码，会发现第一次运行是正常的，但第二次运行就不正常了：小猫没有出现，更没有沿着小路向城堡行走。

造成这个问题的原因是代码最后设置角色"隐藏"了，再次运行时没有先设置角色"显示"。要解决这个问题很简单，就是在代码一开始运行的时候就设置角色"显示"。与此类似，其实还应该在代码开始运行时设置角色的大小为原始大小、角色的初始位置是舞台左下角的起始位置。

类似角色的大小、位置、可视化状态等属性，由于在代码运行过程中改变过，因此在代码一开始的时候应该先设置为默认状态——这个过程叫作角色的"初始化"，这些代码叫作"初始化代码"。

完整的小猫向城堡出发的代码如图 1-6 所示。

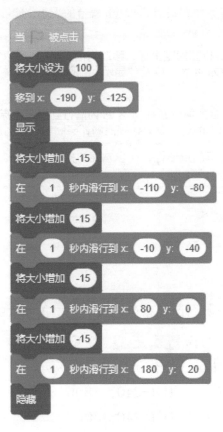

图1-6 小猫向城堡出发的完整代码

试一试 图 1-6 所示代码，设置小猫初始化位置 (-190,-125) 时使用的是**移到指定坐标**积木，它与后续使用的**在 ×× 秒内滑行到指定坐标**积木有什么不同？为什么初始化代码中用这个积木比较好？

青少年软件编程基础与实战（图形化编程二级）

 1.2 课程回顾

课程目标	掌握情况
1. 认识 Scratch 舞台坐标系统，知道 Scratch 舞台的大小，能够用坐标表示舞台上指定对象的位置	☆ ☆ ☆ ☆ ☆
2. 学会使用**在 ×× 秒内滑行到指定坐标、移动到指定坐标、"将大小增加 ××""将大小设为 ××"以及"显示""隐藏"**等积木编写程序	☆ ☆ ☆ ☆ ☆
3. 知道在舞台上拖曳对象会实时更新**在 ×× 秒内滑行到指定坐标、移动到指定坐标 ××** 等积木的位置参数，并能够在实际编程中运用	☆ ☆ ☆ ☆ ☆
4. 初步了解程序初始化代码的重要性，初步掌握初始化代码的编写方法	☆ ☆ ☆ ☆ ☆

 1.3 课程练习

1. 单选题

（1）拖曳 Scratch 舞台区的角色，以下（　　）积木的参数会实时更新。

A. 移动 10 步　　B. 移到x: 0 y: 0　　C. 将x坐标增加 10　　D. 将x坐标设为 0

（2）Scratch 舞台最右上方的坐标是（　　）。

A. (240,180)　　B. (-240,-180)

C. (240,-180)　　D. (-240,180)

（3）以下（　　）代码运行后，角色最终位置的 y 坐标是 200。

A. 移到 随机位置 ▼ / 移动 200 步

B. 移动 200 步 / 移到 随机位置 ▼

C. 在 1 秒内滑行到 随机位置 ▼ / 在 1 秒内滑行到x: 50 y: 200

D. 在 1 秒内滑行到 随机位置 ▼ / 在 1 秒内滑行到x: 200 y: 50

2. 判断题

（1）在 1秒内滑行到x: 0 y: 0 积木与 移到x: 0 y: 0 积木都能让角色移动到指定坐标位

置，没有区别。（　　）

（2）  积木只能增加角色的大小。（　　）

3．编程题

编写一个可以根据需要控制火箭角色命中不同目标的程序。

（1）准备工作

导入自选的背景，删除小猫角色，添加火箭（Rocketship）角色，自主绘制目标角色1（命名为"敌人"）、目标角色2（命名为"敌人基地"）两个新角色，对火箭角色的起始位置进行初始化设置。

（2）功能实现

程序开始时，火箭角色处于起始位置。根据情报信息获取到敌人所处的位置坐标，目标角色1（敌人）处在目标角色2（敌人基地）内的指定位置不变。当程序开始运行后，火箭角色在3秒之内分阶段以弧线路径快速移到目标角色1——击中敌人基地，消灭敌人，完成对敌人基地的打击。程序运行过程中，要能表现出火箭角色"远小近大"的视觉变化效果。

第2课 小猫变魔术
——设置角色特效与图层

　　魔术，不仅具有巧妙奇特的表现形式，更包含着许多的科学道理，让人觉着深藏玄机、充满魅力。小猫喵喵是一位出色的魔术师，今天它请来了好朋友企鹅，准备使用它最喜爱的帽子给大家奉献一台精彩的魔术表演。范例作品如图2-1所示。

　　本课的范例作品，使用**"当按下××键"**积木控制企鹅和帽子的出现和隐藏，玩家可以通过键盘上的数字"1"和"2"键控制小猫的表演项目。在制作作品的时候要注意角色与图层之间的关系，可别让魔术露馅了！

作品预览

图2-1　"小猫变魔术"范例作品

2.1 课程学习

2.1.1 相关知识与概念

1. 认识角色的图层

当角色在舞台上重叠时，就会形成遮挡，处于上层的角色会遮挡下层的角色，这种现象是角色处于不同的图层造成的。

如图 2-2 所示，在添加本课角色的时候，由于小猫是默认的角色，如果按照先帽子，再企鹅的顺序添加角色，那么小猫处于最下面的图层，帽子在中间图层，企鹅在最上面的图层。

图2-2　角色添加完成后的图层关系

角色在舞台上的图层是可以改变的。在程序编写过程中，当在舞台上拖曳选中的角色时，该角色默认处于最上面的图层。要在程序运行过程中改变角色的图层，可以使用"外观"分类中的**"移到最前面/后面"**和**"前移/后移××层"**这两个积木。

2．认识新的积木

将 颜色▼ 特效设定为 0 ：属于"外观"分类，功能为将当前角色选定的特效直接设为指定值。积木有两个参数，第一个是下拉列表参数，用于指定特效类型，包括颜色、鱼眼、漩涡、像素化、马赛克、亮度、虚像这七个选项；第二个参数用于指定设定值。

将 颜色▼ 特效增加 25 ：属于"外观"分类，功能为将当前角色选定的特效在原来的基础上增加指定值。积木有两个参数，第一个是下拉列表参数，用于指定特效的类型，包括颜色、鱼眼、漩涡、像素化、马赛克、亮度、虚像这七个选项；第二个参数用于指定增加值。

清除图形特效 ：属于"外观"分类，功能为清除之前设定的所有图形特效，恢复原始状态。

移到最 前面▼ ：属于"外观"分类，功能为将当前角色移到最前面或最后面。积木有一个下拉列表参数，用于指定层级，选项包括"前面"和"后面"这两项。

前移▼ 1 层 ：属于"外观"分类，功能为将当前角色前移或者后移指定层数。积木有两个参数，第一个是下拉列表参数，用于指定当前角色是"前移"还是"后移"；第二个参数用于指定移动的层数。

当按下 空格▼ 键 ：属于"事件"分类，功能为当按下指定键时执行积木下方的代码。积木有一个下拉列表参数，用于指定具体按键，列表内容是一些常用的键盘按键，包括空格键、方向控制键、任意键、字母键、数字键。

2.1.2 准备工作

1．设置舞台背景

本课的范例作品是"小猫变魔术"，因此需要从"选择一个背景"对话框中添加名为"Spotlight"的聚光灯舞台背景图片，同时删除默认的空白舞台背景图片。

2．设置角色

范例作品的主角还是小猫，除此之外，还需要添加表演用的道具——名为

"Hat1"的帽子角色。该角色有4种造型，范例作品使用的是名为"hat-c"的造型，可以仅保留这个造型，删除其他无关造型。

再添加参与变魔术的演员——名为"Penguin 2"的企鹅角色，该角色也有4种造型，可以仅保留名为"penguin2-a"的造型，删除其他无关造型。

2.1.3 小猫变魔术——变换颜色

小猫变的第一个魔术是"变换颜色"，也就是道具帽子会间隔0.5秒变换一种颜色。

要实现这种效果，可以单击选中帽子角色，然后将"外观"分类中的**"将××特效设定为××"** 积木拖曳到代码区。这个积木的第一个参数不用设置，保持为默认的"颜色"选项，第二个参数可以设置为"50"。然后将"控制"分类中的**"等待××秒"** 积木拖曳到**"将××特效设定为××"** 积木下方。最后在组合代码的第一个积木上单击鼠标右键，在打开的右键菜单中选择"复制"，并依次修改参数。组合完成的代码如图2-3所示。

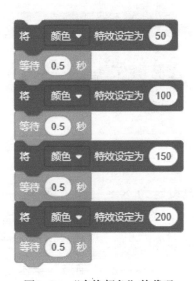

图2-3 "变换颜色"的代码

单击图2-3所示代码的第一个积木，可以立即运行这组代码，查看小猫变换道具帽子颜色的效果。

试一试 图 2-3 所示的代码中，使用 **"将 ×× 特效设定为 ××"** 积木设置帽子角色变换的颜色，除此之外，可以使用 **"将特效增加"** 积木代替吗？如果可以的话应该如何编写代码？

2.1.4 小猫变魔术——变换形态

小猫变的第二个魔术是"变换形状"，也就是演员企鹅会间隔 0.5 秒变换一种形态。与"变换颜色"类似，可以单击选中企鹅角色，使用 **"将 ×× 特效增加 ××"** 积木，设置积木的第一个参数为"漩涡"选项，第二个参数为"50"。组合完成的代码如图 2-4 所示。

图2-4 "变换形态"的代码

试一试 **"将 ×× 特效设定为 ××"** 和 **"将 ×× 特效增加 ××"** 这两个积木的第一个下拉列表参数是相同的，共有 7 种特效选项。请你研究一下其中的"虚像"选项，如何使用这个选项让角色无法被看到？这与使用"外观"分类中的"隐藏"积木有什么不同？

2.1.5 初始化角色

范例作品中，小猫在舞台的左前方，大约是 (-135,-50) 的位置，道具帽子

和演员企鹅都在舞台中央，大约是 (5,-40) 的位置。因此我们可以在初始化代码中添加移到指定坐标的积木，使得程序一开始运行时，角色的位置就是准确、固定的。

程序开始运行时，道具帽子需要盖住演员企鹅，因此应该设置企鹅角色的初始化大小比帽子小、帽子在舞台上的图层处于"最前面"。由于程序中设置了帽子和企鹅的特效，因此这两个角色在初始化时还应该使用**"清除图形特效"**积木。

为了方便用户使用，小猫在初始化时还应该使用**"说 ××"**积木介绍程序的使用方法。

3 个角色的初始化代码如图 2-5 所示。

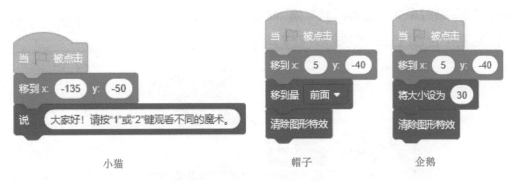

小猫   帽子   企鹅

图2-5 3个角色的初始化代码

想一想 在设置帽子和企鹅角色图层的时候，除了使用**"移到最前面"**积木，还可以使用**"前移 / 后移 ×× 层"**积木吗？这两个积木在使用上有什么区别？

2.1.6 角色间的协同

范例作品中的 3 个角色是相互配合，协同完成"变魔术"这项任务的。点击绿旗后，3 个角色分别运行各自初始化代码，设置角色的位置、大小、层次、特效等属性。

对于小猫来说，当我们按下"1"或者"2"键时，它就使用**"说 × × × ×秒"**积木，宣布将要变的魔术名称，3 秒的变魔术时间到了以后，它再使用**"说 × ×"**积木恢复介绍程序的使用方法，具体代码如图 2-6 所示。

青少年软件编程基础与实战（图形化编程二级）

图2-6　小猫主持并指导魔术节目使用方法的代码

对于道具帽子来说，当按下"1"键时表演"变换颜色"魔术；按下"2"键时隐藏，让企鹅"变换形状"。

而对于演员企鹅来说正好相反，当按下"1"键时变小，躲藏在帽子下面，按下"2"键时表演"变换形状"魔术。

这两个角色的完整代码如图2-7所示。

图2-7　帽子和企鹅角色完整的代码

016

试一试　本课的范例作品是使用**"当按下 ×× 键"**积木来协同 3 个角色表演魔术的，能不能使用**"当绿旗被点击"**积木协同 3 个角色表演魔术？为什么？

 2.2 课程回顾

课程目标	掌握情况
1. 了解 Scratch 角色的图层，能够根据需要设置角色的图层	☆ ☆ ☆ ☆ ☆
2. 学会使用**"将 ×× 特效设定为 ××""将 ×× 特效增加 ××""清除图形特效""移到最前面 / 后面""前移 / 后移 ×× 层"**以及**"当按下 ×× 键"**等积木编写程序	☆ ☆ ☆ ☆ ☆
3. 通过实际使用**"将 ×× 特效设定为 ××"**和**"将 ×× 特效增加 ××"**积木，初步了解在 Scratch 中，很多积木是成对出现的，同一个角色属性可以通过相对属性积木设置，也可以通过绝对属性积木设置	☆ ☆ ☆ ☆ ☆
4. 进一步理解程序初始化代码的作用，能够根据需要编写初始化代码	☆ ☆ ☆ ☆ ☆

 2.3 课程练习

1. 单选题

（1）设置 Scratch 角色特效的积木属于（　）分类。

A. 运动　　　　　B. 外观　　　　　C. 控制　　　　　D. 侦测

（2）舞台上有 3 个角色，其中小猫在最下层，它的上面是气球，气球的上面是苹果。如果需要设置小猫在这 3 个角色的中间，应该使用以下（　）积木。

A. 移到最 前面 ▼　　　B. 移到是 后面 ▼　　　C. 前移 ▼ 1 层　　　D. 后移 ▼ 1 层

（3）运行以下（　）代码，会改变当前角色的颜色。

A. 清除图形特效　将 颜色 ▼ 特效增加 25

B. 将 颜色 ▼ 特效增加 25　清除图形特效

C. 清除图形特效　将 颜色 ▼ 特效设定为 0

D. 将 颜色 ▼ 特效设定为 0　清除图形特效

2. 判断题

（1）角色在舞台上的图层由添加角色时的先后顺序决定，不能改变。

（   ）

（2）运行  积木，舞台上所有角色的特效都会被清除。（   ）

3. 编程题

编写一个变色龙角色遇到敌人巧妙躲避的程序。

（1）准备工作

添加名为"Garden-rock"的背景；添加或绘制变色龙角色、敌人角色、大石头角色，并根据需要对角色进行初始化。

（2）功能实现

变色龙正在一块大石头上尽情玩耍，突然发现敌人正在向自己一步一步地靠近。变色龙无处藏身，危急关头，它巧妙利用自己变色的绝招，迅速变成与大石头相近的颜色。在敌人无法快速定位而停步迟疑的间隙，变色龙快速移动到大石头背后，逃离危险境地，转危为安。要求：使用当按下指定键积木触发并协同变色龙发现敌人后两个角色的动作。

第3课　小猫做算术
——使用数学运算

　　四则运算是指加、减、乘、除这 4 种运算，它是小学数学课程中重要的学习内容。四则混合运算的运算顺序为：先乘除，后加减，有括号先算括号里的。数学课上，老师请大家练习四则运算，小猫喵喵自告奋勇回答问题。它不仅答得又快又好，还会根据需要求取近似值，赢得了同学们的喝彩，范例作品如图3-1所示。

　　本课的范例作品通过 Scratch 中的按键事件触发计算，用"说"的方式显示题目，每个字母按键对应不同的题目，从简单到复杂。让我们一起来检查小猫喵喵是否都答对了。

作品预览

图3-1　"小猫做算术"范例作品

3.1 课程学习

3.1.1 相关知识与概念

1. 认识"运算"分类积木

要制作"小猫做算术"，必须使用"运算"分类中的积木。"运算"分类共有 18 个积木，根据具体功能可以分为"数学运算""比较运算""逻辑运算""字符运算"以及"其他运算"这 5 类，如表 3-1 所示。

表 3-1 "运算"分类中的 5 类积木

数学运算	比较运算	逻辑运算	字符运算	其他运算

2. 认识新的积木

：属于"运算"分类，功能为将两个参数相加、相减、相乘、相除。这些积木都有两个参数，也就是需要相加、相减、相乘、相除的两个数。

连接 apple 和 banana：属于"运算"分类，功能为将两个字符或字符串连接起来。积木有两个参数，就是需要连接的两个字符或字符串。

四舍五入：属于"运算"分类，功能为对一个数进行四舍五入，求取近似值。积木有一个参数，就是需要四舍五入的数。当这个数十分位上的数字 ≤ 4 时，舍去小数部分；当这个数十分位上的数字 ≥ 5 时，舍去小数部分后，整数部分加 1。

绝对值：属于"运算"分类，功能为求各种指定函数的值。积木有两个参数，第一个是下拉列表参数，用于指定具体函数，包括绝对值、向下取整、向上取整、平方根、sin、cos、tan、asin、acos、atan、ln、log、e^、10^；第二个参数是需要求函数值的这个数。

3.1.2 准备工作

1. 设置舞台背景

从"选择一个背景"对话框中添加名为"Chalkboard"的黑板背景图片作为舞台背景，同时删除默认的空白舞台背景图片。

2. 设置角色

保留默认的小猫角色，将小猫角色用鼠标拖动摆放到舞台左下角的位置。

3.1.3 让小猫说出四则运算的结果

要进行四则运算，就需要使用加、减、乘、除这 4 个数学运算积木。让小猫说出运算结果，具体可以按以下步骤操作。

（1）选中小猫角色，将"事件"分类中的当按下指定键积木拖曳到代码区。单击下拉列表参数，选中字母"a"选项，将该积木设置为**"当按下 a 键时"**执行代码。

（2）将"外观"分类中的**"说 ××"**积木拖曳到代码区，与上一个积木组合，让小猫能够通过这个积木说出运算结果。

（3）将"运算"分类中的"××+××"积木拖曳组合到**"说 ××"**积木的参数框中，让小猫说的不是默认的"你好！"而是加法运算结果。

（4）在"××+××"积木的两个参数框中输入要运算的数：7 和 5。

小猫说出"7+5"这个加法运算结果的代码如图 3-2 所示。

图3-2 小猫说出"7+5"运算结果的代码

如图 3-2 所示，将一个积木作为另一个积木的参数组合起来，叫作积木的"嵌套"。"运算"分类的积木外表与其他分类的积木不一样，没有供积木之间连接

的凹凸状的"榫卯"，因此它不能直接与别的积木拼接，一般是作为参数嵌套到其他积木参数中使用。

练一练 请编写出能够通过按"b""c""d"键，让小猫分别说出减法、乘法、除法运算结果的代码。

3.1.4 让小猫说出完整的算式及结果

运行图 3-2 所示的代码，小猫只能说出运算结果，不能把算式也一起说出来。要将算式及结果完整地说出来就需要使用"运算"分类的"**连接××和××**"积木。

首先将"运算"分类中的"**连接××和××**"积木拖曳到代码区，在这个积木的第一个参数框中输入"7+5="这个字符串。然后将"**××+××**"积木拖曳组合到"**连接××和××**"积木的第二个参数框中。最后将组合完成的"**连接××和××**"积木拖曳组合到"**说××**"积木的参数框中。

小猫说出"7+5"算式及运算结果的代码如图 3-3 所示。

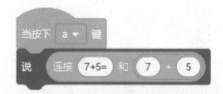

图3-3　小猫说出"7+5"算式及运算结果的代码

试一试 除了范例所示，你还能不能用其他方式，让小猫说出完整的算式及结果？

3.1.5 让小猫说出四则混合运算的算式及结果

除了一步计算的加、减、乘、除，在 Scratch 中还可以根据需要进行多步计算的四则混合运算。要让小猫说出"7+5×2"这四则混合运算题的算式及结果，可以按照以下步骤操作。

（1）按照"先乘除、后加减"的计算法则，应该先计算"5×2"，因此将"运算"分类中的"**××*××**"积木拖曳到代码区，并设置这个积木的两个参数分别是"5"

和"2"。

（2）使用"××+××"积木，其中第一个参数是"7"，第二个参数嵌套到上一步"××*××"积木中。

（3）将组合完成的积木嵌套到"**连接 × × 和 × ×**"积木的第二个参数位置，然后再设置这个积木的第一个参数为"7+5×2="。

（4）将以上组合完成的积木嵌套到"**说 × ×**"积木的参数框中。

小猫说出四则混合运算"7+5×2"的算式及结果的代码如图 3-4 所示。

图3-4　小猫说出"7+5×2"的算式及运算结果的代码

在使用 Scratch 进行四则混合运算，特别是计算步骤比较多的四则混合运算时，要注意积木嵌套的先后顺序，按计算顺序设置积木参数，依次嵌套。完成嵌套后，可发现参与计算的积木是按计算顺序从内向外依次嵌套的。

试一试　如果要计算"(7+5)×2"，积木应该如何嵌套？在积木嵌套、组合上和图 3-4 所示的代码有什么区别？

3.1.6　让小猫说出除法算式的近似值

在进行除法运算的时候，经常会出现除不尽的情况。在小学低年级，遇到这种情况的时候，就用"商 + 余数"的方式来表示，如"10÷3=3……1"。

到了小学高年级学习"小数"概念以后，就可以用小数来表示商，如"10÷3=3.33…"。由于除不尽，这个除法算式的商就是一个"近似数"。在小学数学中使用最多的求近似数的方法是"四舍五入"。

在 Scratch 中，我们可以使用"运算"分类中的"**四舍五入 × ×**"积木求一个数或者算式"四舍五入"以后的近似值。让小猫说出 10÷3 四舍五入的商的代码，如图 3-5 所示。

图3-5　小猫说出10÷3四舍五入的商的代码

　　求一个数或者算式的近似值，除了"四舍五入"，还有"向下取整"和"向上取整"这两种方法。所谓的"向下取整"就是不管商的小数部分是几都舍弃，只保留商的整数部分，也叫作"去尾法"；所谓的"向上取整"就是不管商的小数部分是几都在舍弃以后，向个位进"1"，也叫作"进一法"。

　　这两种求近似数的方法，都可以使用"运算"分类中的**"数学函数"**积木实现。这个积木的使用方法与**"四舍五入××"**积木类似，有所不同的是要先单击这个积木的下拉列表参数，再根据需要选择其中的"向下取整"或者"向上取整"选项。下拉列表参数中还有很多选项，相关的知识目前你可能还没有学到，将在今后的数学课程中学习。

　　让小猫说出10÷3向下取整的商的代码，如图3-6所示。

图3-6　小猫说出10÷3向下取整的商的代码

| 试一试 | Scratch的"运算"分类中，**"取余"**积木也与除法运算相关。请试一试这个积木是干什么的，看看如何使用这个积木。 |

3.2 课程回顾

课程目标	掌握情况
1. 认识"运算"分类积木，知道这类积木只能作为其他积木的参数使用	☆ ☆ ☆ ☆ ☆
2. 理解近似数的概念，能够根据需要使用不同的积木求近似数	☆ ☆ ☆ ☆ ☆
3. 学会使用"××+××""××-××""××*××""××/××"以及"**连接××和××**""**四舍五入××**""**绝对值××**"（数学函数）等积木编写程序	☆ ☆ ☆ ☆ ☆
4. 掌握"**连接××和××**"积木的使用技巧，能够嵌套若干个"**连接××和××**"积木，在舞台上显示完整信息	☆ ☆ ☆ ☆ ☆

 3.3 课程练习

1. 单选题

（1）以下积木中，（ ）不能进行数学运算。

A. ⬭+⬭ B. ⬭·⬭ C. ⬭=50 D. ⬭/⬭

（2）运行以下积木，当前角色会说（ ）。

A. apple B. banana C. apple banana D. apple 和 banana

（3）运行以下积木，（ ）会让角色说"6"。

A. 说 20 / 3 2 秒

B. 说 20 除以 3 的余数 2 秒

C. 说 四舍五入 20 / 3 2 秒

D. 说 向下取整 20 / 3 2 秒

2. 判断题

（1）四舍五入 10 / 3 · 10 的运算结果是 33。（ ）

（2）3 · 5 · 2 和 3 · 5 · 2 的运算结果相同。（ ）

3．编程题

编写能够让角色说出"20÷3"这个算式及四舍五入保留一位小数近似值的程序。

（1）准备工作

添加名为"Chalkboard"的舞台背景，将默认的小猫角色摆放到合适的位置。

（2）功能实现

运行程序，小猫能够说出"20÷3"这个算式及四舍五入保留一位小数的近似值。

第4课　精准走动的时钟
——使用无限循环

　　小猫喵喵蝉联捕鼠冠军好多年。其他小猫向它请教经验，小猫喵喵笑着回答："秘诀在于保持规律的作息。我有一个能够精准走动的时钟程序，每天零点都在它的提醒下准时起床，从不偷懒！"大家听后纷纷竖起大拇指夸赞喵喵，并打算像喵喵一样做一个时钟程序，时刻提醒自己保持规律的作息。范例作品如图4-1所示。

　　制作本课的范例作品，首先需要找到"时针""分针""秒针"移动时，它们之间角度关系的秘密，然后利用"重复执行"积木让它们在钟面上精确移动。这样，一个精准走动的时钟程序就做好了！

作品预览

图4-1　"精准走动的时钟"范例作品

4.1 课程学习

4.1.1 相关知识与概念

1. 认识Scratch中的循环结构

《新华字典》对"循环"的解释是"周而复始的运动"。在计算机程序设计中，也经常需要编写反复执行的代码，这种代码结构叫作"循环结构"，它是程序设计的三大基本结构之一。

循环结构是指在程序中，按照一定的条件重复执行某一段代码的一种程序结构。需要重复执行的这段代码叫作"循环体"。

在 Scratch 中，与循环结构相关的积木都属于"控制"分类，共有 3 个，如图 4-2 所示。

"重复执行××次"积木　　　　"重复执行"积木　　　重复执行直到条件成立积木

图4-2　Scratch中与循环有关的积木

图 4-2 所示的 3 个积木，和大多数积木一样：最上方有凹陷，可以组合到别的积木下方；最下方有凸起，可以再组合其他积木。除此之外，这 3 个积木中间还有一对凸起和凹槽，可以嵌套、组合其他积木，组成一组可重复执行的代码，这组代码就是循环结构中的"循环体"。

本课范例作品将使用**"重复执行"**积木编写。这个积木没有参数，中间的循环体会一直重复执行，这类循环叫作"无限循环"，它的流程图如图 4-3 所示。

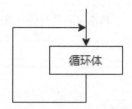

图4-3　"无限循环"程序流程图

2. 认识新的积木

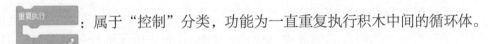：属于"控制"分类，功能为一直重复执行积木中间的循环体。

停止 全部脚本▾：属于"控制"分类，用于停止指定代码的执行。积木有一个下拉列表参数，用于指定具体需要停止的代码。下拉列表包括 3 个选项："全部脚本""这个脚本""该角色的其他脚本"。

当前时间的 年▾：属于"侦测"分类，用于获取当前指定类型的时间值。积木有一个下拉列表参数，用于指定需要获取的时间属性。下拉列表包括 7 个选项："年""月""日""星期""时""分""秒"。其中"星期"指当天是本周的第几天，Scratch 遵循西方传统，即每周的第 1 天是周日，如周五的返回值是 6，因此需要把该数值减 1 才符合我们的习惯。另外"时"遵循 24 小时计时法，如下午 1 点的返回值是 13。

4.1.2 准备工作

1. 设置舞台背景

范例作品的舞台背景是一个时钟钟面，参考图如图 4-4 所示。由于 Scratch 背景库中没有与时钟有关的图片，我们可以单击舞台列表区的"绘制"按钮，在"背景"选项卡的图像编辑器中绘制背景图片，或通过网上搜索的方式获取自己喜欢的钟面图片，然后单击"上传背景"按钮将获取的图片上传作为舞台背景。

图4-4 范例作品所使用的舞台背景图

2. 设置角色

将默认的小猫角色拖曳到舞台的左下角，再单击角色列表区的"绘制"按钮，在"造型"选项卡的图像编辑器中，分别绘制如图 4-5 所示的秒针、分针、时针这 3 个角色。这 3 个角色都是使用"矩形"和"圆"工具绘制而成的。

秒针　　　　　　　分针　　　　　　　时针

图4-5　范例作品使用的秒针、分针、时针角色图片

绘制完以上 3 个角色后，还需要设置秒针、分针、时针这些角色的"造型中心"，将"造型中心"从默认的角色图片中心移到角色左边圆形固定点的中心，使得这些角色能够以圆形固定点为圆心做圆周运动。具体设置步骤以秒针角色为例。

（1）单击"造型"选项卡左边的"秒针"角色缩略图。

（2）在图像编辑器的工具栏中，首先确认当前使用的是默认的"选择"工具，然后按住鼠标左键拖曳选中整个"秒针"图像。

（3）按住鼠左键拖曳整个图像移动，可以发现图像编辑器底部除了灰白相间的格子，正中间还有一个"十字图标"，这就是造型中心图标。

（4）按住鼠标左键拖曳图像移动，将需要设置为造型中心的图像位置——秒针角色左边圆形固定点的中心，对准造型中心图标，如图 4-6 所示。

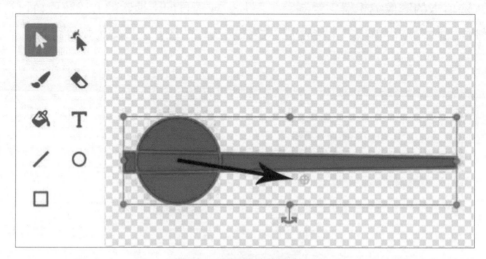

图4-6　设置秒针的型中心

3．编写初始化代码

本课范例作品中，秒针、分针、时针这 3 个角色是实时走动的，因此不需要编写初始化代码。

4.1.3 让秒针实时走动

秒针围绕钟面中心做圆周运动，这与之前的运动不同，改变的不是距离，而是角度，也就是角色"面向"的方向。

秒针 1 分钟绕着钟面走 1 圈，也就是 1 分钟走 360 度，因为 1 分钟等于 60 秒，所以秒针 1 秒转动的角度应该是 360÷60=6（度）。

要获取秒针当前面向的方向，可以使用**"当前时间的××"**积木，设置它的参数为"秒"，将获取的秒数乘以秒针每秒转动的度数"6"度，并将乘积作为**"面向××方向"**积木的参数，就可以得到秒针这个角色当前应该面向的方向。

由于秒针是实时走动的，因此可以使用"重复执行"积木，每秒重复计算，更新秒针所面向的方向（角度值），具体代码如图 4-7 所示。

图4-7　秒针实时走动的代码

试一试　图 4-7 所示秒针实时走动的代码中，必须要使用**"重复执行"**积木吗？不使用它行不行？为什么？

4.1.4 让分针实时走动

分针 1 小时走 1 圈，也就是 1 小时走 360 度，因为 1 小时等于 60 分钟，因此分针 1 分钟转动的角度是 6 度。

分针实时走动的代码与秒针实时走动的代码类似，不同点是"**当前时间的**×**×**"积木的参数应该设置为"分"，具体代码如图4-8所示。

图4-8 分针实时走动的代码

使用"**当前时间的分**"积木，实际运行时分针1分钟更新1次角度，并不是像秒针一样，每秒实时走动。

要让分针每秒实时走动，除了计算当前"分"的角度值，还应该加上当前"秒"的角度偏移量，也就是对分针1分钟转动的角度——6度再进行细分。1分钟等于60秒，因此分针每秒应该转动6÷60=0.1（度），具体代码如图4-9所示。

图4-9 分针每秒实时走动的代码

想一想 除了图4-8和图4-9所示的代码，你还能够想出其他算法让分针实时走动吗？

4.1.5 让时针实时走动

时针一般是每分钟更新一下角度，因此它实时走动的代码应该是计算当前"时"的角度值再加上当前"分"的角度偏移量。

Scratch 中的当前时间采用 24 小时制，也就是时针 24 小时转 2 圈，因此时针 1 小时转动的角度应该是 360×2÷24=30（度），"分"的角度偏移量是 30÷60=0.5（度），具体代码如图 4-10 所示。

图4-10 时针实时走动的代码

试一试 如果要每秒更新一下时针的角度，代码应该如何设计？

4.1.6 单击小猫能够说出当前时间

要让小猫说出当前时间，可以使用**"连接 ×× 和 ××"**积木将当前时间的"时"和"分"连接起来。

为了让小猫说出的内容更合理，范例作品使用了 4 个**"连接 ×× 和 ××"**积木，将辅助文字"现在是""时""分"与当前时间的"时"和"分"值连接起来，具体代码如图 4-11 所示。

图4-11 单击小猫说出当前时间的代码

试一试 除了图 4-11 所示代码，你还能够编写其他代码让小猫在被单击后也能够说出当前时间吗？

4.1.7 用键盘控制结束程序

在以上代码的编写过程中，由于使用了**"重复执行"**积木，因此这个时钟会一直运行而不会结束。要让时钟停止运行，只能单击舞台右上角的"停止"按钮，强行终止运行程序。

对于类似这样的"无限循环"，在编写程序的时候，应该加上终止运行程序的代码，图4-12所示就是按下键盘上的任意键终止运行程序的代码。

图4-12　按下键盘上的任意键终止运行程序的代码

 试一试　在本课程序中，能够使用**"停止××"**积木的其他参数结束程序运行吗？为什么？

4.2 课程回顾

课程目标	掌握情况
1. 初步了解循环结构，掌握"循环体"的概念，学会在 Scratch 中根据需要构建循环体	☆ ☆ ☆ ☆ ☆
2. 了解"无限循环"的概念，掌握相关程序流程图的画法，知道在 Scratch 中如何从无限循环中退出	☆ ☆ ☆ ☆ ☆
3. 学会使用**"重复执行""停止××"**以及**"当前时间的××"**等积木编写程序	☆ ☆ ☆ ☆ ☆
4. 知道角色"造型中心"的作用，掌握"造型中心"的设置方法	☆ ☆ ☆ ☆ ☆
5. 理解和掌握将获取的时、分、秒数值转化为钟面指针角度的方法	☆ ☆ ☆ ☆ ☆

4.3 课程练习

1. 单选题

（1）运行下面这组代码，当前角色在舞台上（　　）。

A. 一直上、下运动　　　　　　　B. 一直往上运动

C. 一直往下运动　　　　　　　　D. 运动到上方以后不动了

（2）如果当前时间是下午4点半，运行下面这组代码，当前角色会说（　　）。

A. 四时三十分　　　B. 十六时三十分　　　C. 4:30　　　D. 16:30

（3）如果当前时间是星期日，运行下面这组代码，当前角色会说（　　）。

A. 6　　　　　　　B. 7　　　　　　　C. 1　　　　　　　D. 2

2. 判断题

（1）积木中的循环体会一直重复执行。（　　）

（2）停止 全部脚本积木可以停止运行当前角色的代码，但不能停止运行其他角色的代码。（　　）

3．编程题

编写一个数字电子钟程序。

（1）准备工作

添加或者绘制一个能够作为电子钟钟面的背景，绘制一个空白图形作为"说"当前时间的角色。

（2）功能描述

单击运行程序，"说"时间的空白图形角色会显示能够自动精确计时的时、分、秒。

第 5 课　学习飞行的鹦鹉——使用确定性循环

　　小猫喵喵的好朋友小鹦鹉在森林里学习飞行，它为了不让自己掉下来，努力地拍打着翅膀，一会儿往左，一会儿往右，一会儿往上，一会儿往下，学得可认真了。有这样努力学习的精神，小鹦鹉一定会成为飞行大师，在高空自由翱翔！范例作品如图 5-1 所示。

　　在本课范例作品中，小鹦鹉在起伏飞行的同时，还能前后飞行。要达到这样的效果，可以使用**"重复执行"**积木，反复检测玩家按下的按键，根据按键控制小鹦鹉的飞行方向。

作品预览

图5-1　"学习飞行的鹦鹉"范例作品

5.1 课程学习

5.1.1 相关知识与概念

1. 认识Scratch中的确定性循环

在循环结构中，循环体每重复执行一次，就称为一次"循环"。对于"无限循环"来说，循环的次数是无限的，这就造成了"死循环"——也就是程序一直在循环体中反复执行而不能结束。不过，在Scratch默认情况下，编程和运行的功能键在同一个窗口中，我们可以在运行过程中随时通过舞台上方的"停止"按钮终止运行代码。

除了"无限循环"，循环体的循环次数在很多情况下是已知的、确定的，这类循环叫作"确定性循环"。图5-2左图所示的积木，就是实现"确定性循环"的积木——**"重复执行××次"**积木。它有一个参数，用于指定循环体重复执行的次数；图5-2右图所示是这个积木对应的程序流程图。

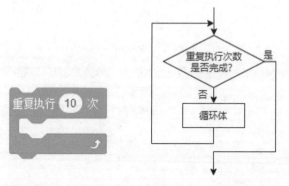

图5-2 "重复执行××次"积木和"确定性循环"程序流程图

2. 认识新的积木

：属于"控制"分类，用于将组合在积木中间的循环体重复执行指定次数。积木有一个参数，用于指定重复执行的次数。

5.1.2　准备工作

1．设置舞台背景和角色

从"选择一个背景"对话框中添加名为"Blue Sky"的蓝天图片作为舞台背景，同时删除默认的空白舞台背景。

本课范例的主角不是小猫，所以我们删除默认的小猫角色，再从"选择一个角色"对话框中添加名为"Parrot"的鹦鹉角色。

2．编写鹦鹉角色初始化代码

单击选中鹦鹉角色缩略图，设置它的角色大小、位置、方向等，具体代码如图5-3所示。

图5-3　鹦鹉角色的初始化代码

5.1.3　让鹦鹉在舞台上飞行

要让鹦鹉在舞台上飞行，可以使用**"移动××步"**积木。重复执行这个积木，鹦鹉就会持续不断地向默认方向移动。使用**"碰到边缘就反弹"**积木是让鹦鹉飞到舞台边缘就调转方向飞行，具体代码及程序流程图如图5-4所示。

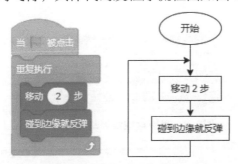

图5-4　鹦鹉持续不断移动的代码及程序流程图

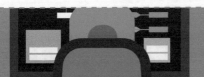

青少年软件编程基础与实战（图形化编程二级）

运行代码，由于鹦鹉没有扇动翅膀，所以动画效果并不好。其实"Parrot"这个鹦鹉角色有两个造型，只要持续不断地切换这两个造型，就会产生鹦鹉扇动翅膀的动态效果。我们可以为"Parrot"角色再添加一段如图5-5左图所示的代码，让鹦鹉在飞行的同时，每隔 0.5 秒切换一下造型，相应的程序流程图如图5-5右图所示。

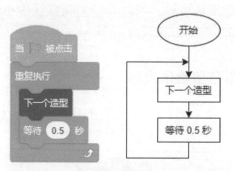

图5-5　鹦鹉持续不断扇动翅膀的代码及程序流程图

试一试　将图 5-4、图 5-5 中鹦鹉移动和造型切换等相关积木合并到同一个"**重复执行**"积木的循环体中，运行并比较两段代码是合并在一起重复执行好还是分开重复执行好？为什么？

5.1.4　用键盘控制鹦鹉飞行

要用键盘控制鹦鹉在舞台上自由飞行，可以使用"事件"分类中的"**当按下××键**"积木。当按下"←"键时设置鹦鹉移动的方向为"-90"，也就是向左移动；当按下"→"键时设置鹦鹉移动的方向为"90"，也就是向右移动，具体代码如图 5-6 所示。

图5-6　用键盘控制鹦鹉飞行的代码

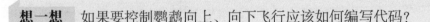

想一想 如果要控制鹦鹉向上、向下飞行应该如何编写代码？

5.1.5 用键盘控制程序结束

编写以上代码使用的是"重复执行"积木，鹦鹉会持续不断地飞行和切换造型，我们应该添加可以使程序停止运行的代码。代码如图 5-7 所示，当按下空格键后，鹦鹉的所有动作停止，然后鹦鹉说提示语"再见"，持续 2 秒后，鹦鹉隐藏，停止运行程序。

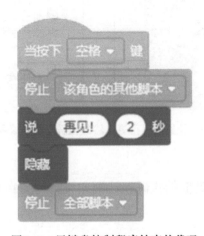

图5-7 用键盘控制程序结束的代码

5.1.6 让鹦鹉的飞行动作更自然

通过编写以上代码，鹦鹉已经能够在舞台上自由飞行。不过，鸟类一般不会一直沿直线飞行，往往在飞行的过程中会有上下起伏。要实现更自然的飞行效果——上下起伏，可以在"重复执行"积木中嵌套 2 个**"重复执行 × × 次"**积木：一个重复执行 20 次，不断增大 y 坐标，使鹦鹉在飞行时持续向上移动；另一个也重复执行 20 次，不断减小 y 坐标，使得鹦鹉在飞行时持续向下移动。编写这样的代码，可以让鹦鹉的飞行动作更自然，具体代码及程序流程图如图 5-8 所示。

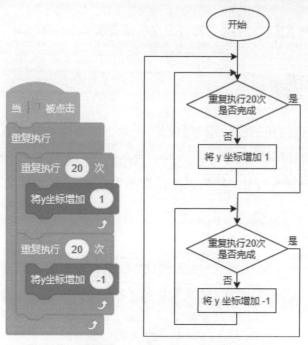

图5-8 让鹦鹉飞行更自然的代码及程序流程图

试一试 你还能编写其他的代码，让鹦鹉飞行得更自然吗？

 5.2 课程回顾

课程目标	掌握情况
1. 了解"确定性循环"的概念，知道它与"无限循环"的区别，掌握相关程序流程图的画法	☆ ☆ ☆ ☆ ☆
2. 学会使用**"重复执行 × × 次"**等积木编写程序	☆ ☆ ☆ ☆ ☆
3. 结合实例，理解循环的嵌套，能够根据需要编写两层嵌套的循环结构程序	☆ ☆ ☆ ☆ ☆

5.3 课程练习

1. 单选题

（1）在 Scratch 中，与循环结构相关的积木属于（   ）分类。

　　A. 事件　　　　B. 外观　　　　C. 侦测　　　　D. 控制

（2）如果知道需要循环的次数，可以使用以下（   ）积木编写循环结构代码。

A.　　　　　B.　　　　　C.　　　　　D.

（3）以下代码中，（   ）运行后，当前角色正好在原地转一圈。

A.　　　　　B.　　　　　C.　　　　　D.

2. 判断题

（1） 积木的运行效果和 积木的运行效果一样。（   ）

（2） 积木中可以嵌套 积木，但这样做  积木就没

有意义了。（   ）

3. 编程题

编写一个小猫上楼梯的程序。

（1）准备工作

在舞台上绘制一个含多级楼梯的背景。

小猫的初始位置在舞台的左下角。

（2）功能实现

运行代码后，小猫需要有走动的动作。

小猫根据楼梯的方向来改变走动的方向。

小猫沿着楼梯走到楼梯最上方后，停止运行程序。

第6课 猫抓老鼠
——使用选择结构

　　猫和老鼠的对决是永恒的。每当小猫喵喵看到大胆的老鼠竟然敢闯到自己的领地上来作威作福，气就不打一处来。小猫喵喵凭借着敏捷的身手、灵活的步伐，一抓一个准。小老鼠也吃一堑、长一智，它的运动轨迹让小猫喵喵越来越捉摸不透。在它们之间的较量中，究竟谁才是最后的赢家呢？范例作品如图6-1所示。

　　本课的范例作品利用"移到××"积木控制老鼠的运动轨迹，同时使用多个选择结构来判断玩家按了↑、↓、←、→4个方向键中的哪一个，并根据判断结果控制小猫移动，捕捉老鼠。

作品预览

图6-1 "猫抓老鼠"范例作品

6.1 课程学习

6.1.1 相关知识与概念

1. 认识Scratch中的选择结构

在计算机程序设计中，我们经常需要根据不同的条件控制执行的流程。比如本课范例作品"猫抓老鼠"，就需要判断老鼠有没有碰到小猫：如果碰到了，就隐藏、播放声音、等待，再在新的位置重新出现；如果没有碰到，就继续在草地上移动。这种代码结构叫作"选择结构"，也可以叫作"判断结构"，它是程序设计的三大基本结构之一。

在选择结构程序中，总是存在一个"判断条件"，执行判断会有两种结果：条件成立或者条件不成立，一般用真（True）或者假（False）表示，也可以用是（Yes）或者否（No）、1 或者 0 表示。

在 Scratch 的"控制"分类中，有两个与选择结构相关的积木，其中最常用的是**"如果 ×× 那么 ××"**积木，该积木及其对应的程序流程图如图 6-2 所示。

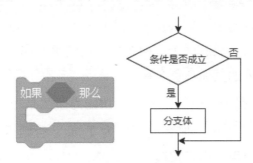

图6-2　"如果××那么××"积木及其程序流程图

与选择结构相关的积木，最显著的特征是有一个六边形的参数框，一般需要与"侦测""运算"分类中外观相同的六边形积木组合，共同组成选择结构的判断条件。

"如果 ×× 那么 ××"积木中间只有一个分支体，如果判断条件成立，那么就按从上往下的顺序，执行这个分支体；如果判断条件不成立，那么就不执行这个分支体，并跳过**"如果 ×× 那么 ××"**积木，执行这个积木下方的其他积木。

练一练 在纸上画出如图 6-2 所示的流程图，一边画一边分析按照这种流程执行程序的方向和步骤。

2. 认识新的积木

移到 随机位置▼ ：属于"运动"分类，功能为将当前角色移到参数所指定的位置。积木有一个下拉列表参数，用于指定位置。如果角色列表区只有一个角色，那么下拉列表仅包含"随机位置"和"鼠标指针"两个选项；如果有两个或两个以上的角色，那么积木会在下拉列表中增加除本角色名称以外的其他角色名称，以移到该对象所在的位置。

如果 那么 ：属于"控制"分类。如果条件成立，那么执行积木中间的分支结构积木；如果条件不成立就不执行，并跳过这个积木执行这个积木下方的其他积木。积木有一个参数，用于指定条件。

碰到 鼠标指针▼ ? ：属于"侦测"分类，功能为侦测当前角色有没有碰到指定对象。如果碰到了，那么返回值为 True，否则返回值为 False。积木有一个下拉列表参数，用于指定对象。如果角色列表区只有一个角色，那么下拉列表仅包含"鼠标指针"选项；如果有两个或两个以上的角色，那么积木会在下拉列表中增加除本角色名称以外的其他角色名称。

按下 空格▼ 键? ：属于"侦测"分类，功能为侦测是否按下了键盘上指定的按键。如果按下了指定按键，那么返回值为 True，否则返回值为 False。积木有一个下拉列表参数，用于指定按键。

6.1.2 准备工作

1. 设置舞台背景和角色

从"选择一个背景"对话框中添加名为"Forest"的森林图片作为舞台背景，同时删除默认的空白舞台背景。

本课范例的主角还是小猫。为了更形象、生动，我们可以删除默认的小猫角色，从"选择一个角色"对话框中添加名为"Cat 2"的呈匍匐状态的小猫角色，

再添加名为"Mouse1"的老鼠角色。

2. 编写初始化代码

分别单击选中小猫和老鼠的角色缩略图，添加图6-3所示的初始化代码，设置它们的角色大小、位置等角色属性。

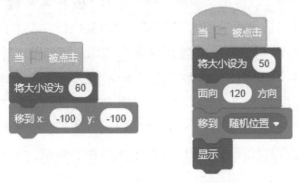

图6-3 小猫角色的初始化代码（左）和老鼠角色的初始化代码（右）

6.1.3 让老鼠在舞台上不断移动

老鼠在舞台上的移动是由代码控制的，与前面所学类似，我们可以使用"控制"分类中的**"重复执行"**积木和**"碰到边缘就反弹"**积木，具体代码如图6-4所示。

图6-4 老鼠在舞台上移动的代码

试一试 将老鼠角色初始化代码中**"面向××方向"**积木的参数修改为默认的"90"，再运行程序，看看老鼠是如何移动的。你认为使用哪个参数好？为什么？

6.1.4 用方向键控制小猫移动

当舞台上只有一个角色在运动，要用键盘控制它时，可以使用"事件"分类中的**"当按下××键"**积木。如果有两个或者多个角色在舞台上运动，并且要用键盘控制它们时，可以使用"侦测"分类中的**"按下××键？"**积木。

可以在"当绿旗被点击"积木下方组合"重复执行"积木；然后在**"重复执行"**积木中添加 4 个**"如果×× 那么××"**积木；再添加 4 个"侦测"分类中的**"按下××键？"**积木作为这些**"如果×× 那么××"**积木的判断条件，判断条件中的参数是键盘上的 4 个方向键；当侦测到方向键被按下时，执行相应的**"面向×× 方向"**积木和**"移动××步"**积木，让小猫能够按照使用者按下的方向键的方向移动，具体代码及程序流程图如图 6-5 所示。

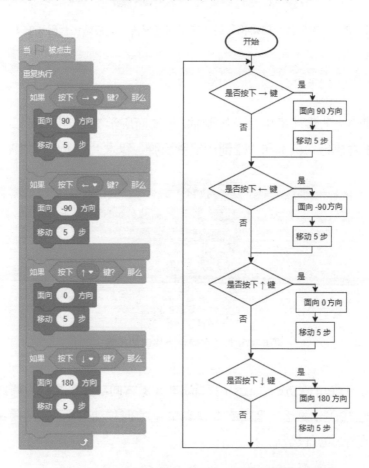

图6-5 用方向键控制小猫移动的代码及程序流程图

尝试编写使用"事件"分类中的"当按下××键"积木控制小猫移动的代码,然后运行代码,与使用"侦测"分类中的"按下××键?"积木控制小猫移动的代码比较,看看实际运行效果有什么不同。

6.1.5 判断小猫是否抓住老鼠

要判断小猫是否抓住了老鼠,可以将相应的侦测、判断代码添加到小猫角色或老鼠角色中。考虑到相对于小猫来说,老鼠被抓住以后需要完成的动作比较多,把侦测、判断代码添加到老鼠角色中较好。

单击选中老鼠角色缩略图,在"当绿旗被点击"积木下方组合**"重复执行"**积木,然后在**"重复执行"**积木中添加一个**"如果 ×× 那么 ××"**积木,将"侦测"分类中的**"碰到 ××?"**积木作为判断条件,并设置碰到的对象是小猫**"Cat 2"**,最后在**"如果 ×× 那么 ××"**积木中添加**"隐藏""播放声音 ××""等待××秒""移到 ××"**及**"显示"**积木。这样,**"老鼠碰到小猫"**这个条件成立后,老鼠角色便会在原有位置消失(就像被小猫吃掉一样),然后在新的位置重新出现。具体代码及程序流程图如图 6-6 所示。

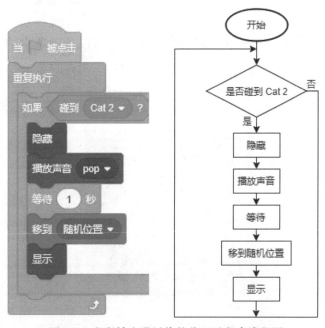

图6-6 老鼠被小猫抓住的代码及程序流程图

试一试 在图 6-6 所示的代码中，如果不使用"**重复执行**"积木可以吗？为什么？

 ## 6.2 课程回顾

课程目标	掌握情况
1. 初步了解选择结构，学会在 Scratch 中构建选择结构判断条件的方法	☆ ☆ ☆ ☆ ☆
2. 了解单分支选择结构，掌握相关程序流程图的画法	☆ ☆ ☆ ☆ ☆
3. 学会使用"**移到随机位置/鼠标指针**""**如果 ×× 那么 ××**""**碰到 ×× ？**"和"**按下 ×× 键？**"等积木编写程序	☆ ☆ ☆ ☆ ☆
4. 通过分析实例，理解在 Scratch 中，选择结构相关积木一般需要嵌套在循环结构相关积木中使用	☆ ☆ ☆ ☆ ☆

 ## 6.3 课程练习

1. 单选题

（1） 的下拉列表参数中，没有以下选项中的（　　）。

　　A. 空格键　　　B. 字母 a　　　C. 数字 1　　　D. 回车键

（2）当前角色坐标为（50，-50），运行以下代码，角色的颜色特效为（　　）。

　　A. 0　　　　　B. 50　　　　　C. 100　　　　　D. 150

（3）运行以下代码，按下键盘上的空格键，当前角色（　　）。

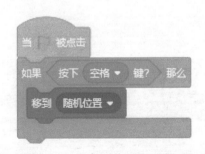

A. 在随机位置出现　　　B. 在指定位置出现

C. 不断地随机出现　　　D. 不会改变位置

2．判断题

（1）选择结构积木的判断条件的结果，不是"真"就是"假"，不会有第三种情况。（　　）

（2）当角色处于隐藏状态时，积木是无法侦测到它的。

（　　）

3．编程题

编写一个"神奇传送门"程序。

（1）准备工作

添加名为"Xy-grid"的舞台背景，除舞台上默认的小猫角色外，再绘制一个传送门角色。

（2）功能实现

用方向键控制小猫在舞台上来回走动，如果小猫在传送门左边，那么设置小猫角色的大小为50；如果小猫在传送门右边，那么设置小猫角色的大小为200。

第7课 弹弹球
——侦测颜色

小猫喵喵打乒乓球时发现：将乒乓球扔向地面，当乒乓球碰到地面时，会受反作用力影响而改变运动方向，弹向空中；当弹到一定高度时，乒乓球会受地球引力的影响，重新改变运动方向，落向地面。于是它就想用 Scratch 制作一个"弹弹球"游戏，范例作品如图 7-1 所示。

在本课的范例作品中，有一个弹球，它由计算机控制，会在舞台上弹跳。玩家可以控制一块挡板，使弹球可以在舞台上持续移动而不掉落。当弹球落向舞台底部时，玩家要移动挡板到弹球下方，使得弹球能够碰到挡板并弹起来。弹球不能碰到舞台底部，一旦碰到，游戏就会结束。

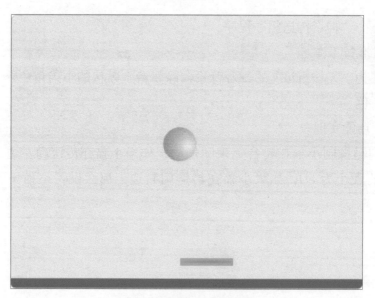

作品预览

图7-1 "弹弹球"范例作品

7.1 课程学习

7.1.1 相关知识与概念

1. 认识"侦测"分类积木

"侦测"分类共有 18 个积木，其中大多数积木用于侦测或获取当前角色与指定对象间的关系和距离、键盘和鼠标的状态、鼠标指针所处的位置、Scratch 及 Windows 相关的信息。我们根据具体功能对"侦测"分类中的所有积木进行了分类整理，如表 7-1 所示。

这些用于侦测的积木都是六边形的逻辑参数积木，它们的返回值是逻辑值，当侦测到指定对象条件成立时返回 True，条件不成立时返回 False；用于获取数据的积木都是椭圆形的"数值参数"积木，它们的返回值是指定对象的具体数值。

表 7-1 "侦测"分类中的积木及其功能分类

侦测或获取与指定对象间的关系	侦测或获取键盘和键鼠的状态、鼠标指针的位置	获取系统相关信息	其他
碰到 鼠标指针 ▼ ？ 碰到颜色 ⬤ ？ 颜色 ⬤ 碰到 ⬤ ？ 到 鼠标指针 ▼ 的距离	按下 空格 ▼ 键？ 按下鼠标？ 鼠标的x坐标 鼠标的y坐标	响度 舞台 ▼ 的 X坐标 ▼ 当前时间的 年 ▼ 2000年至今的天数 用户名	询问 What's your name? 并等待 回答 将拖动模式设为 可拖动 ▼ 计时器 计时器归零

2. 认识新的积木

碰到颜色 ⬤ ？：属于"侦测"分类，用于侦测当前角色有没有碰到指定的颜色。如果碰到了，返回值为 True，否则返回值为 False。积木有一个颜色参数，单击后可以在打开的"颜色选择"面板中指定需要侦测的颜色。

颜色 ⬤ 碰到 ⬤ ？：属于"侦测"分类，侦测指定的第一种颜色有没有碰到指定的第二种颜色。如果碰到了，返回值为 True，否则返回值为 False。积木有两个颜色参数，分别用于指定需要侦测的两种颜色。

鼠标的x坐标：属于"侦测"分类，获取鼠标指针当前的 x 坐标。

 ：属于"侦测"分类，获取鼠标指针当前的 y 坐标。

7.1.2 准备工作

1. 设置舞台背景

单击"背景"选项卡，使用图像编辑器按以下步骤对默认的舞台背景图片进行操作。

（1）设置"填充"颜色为"淡黄色"，也就是在下拉列表中设置颜色为12、饱和度为 24、亮度为 100。

（2）单击选中"矩形"工具，在图像编辑区域拖动出一个覆盖整个舞台的黄色实心矩形。

（3）设置"填充"颜色为"红色"，也就是在下拉列表中设置颜色为 0、饱和度为 100、亮度为 100。在图片底部绘制一个红色实心矩形,作为游戏中的"底线"。

2. 设置角色

本课范例的主角不是小猫，删除默认的小猫角色，通过"选择一个角色"对话框添加名为"Ball"的角色作为游戏中的弹球，再添加名为"Paddle"的角色作为游戏中的挡板。

3. 编写初始化代码

分别单击"Ball"和"Paddle"这两个角色的缩略图，添加图 7-2 所示的初始化代码，对角色进行初始化设置。

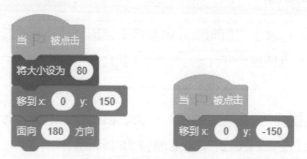

图7-2　Ball角色的初始化代码（左）和Paddle角色的初始化代码（右）

7.1.3　让弹球在舞台上弹跳

"Ball"角色是由计算机控制的，能够在舞台上自动弹跳、移动。要实现这样的效果，可以重复不断地执行**"移动 ×× 步""右转 ×× 度"**和**"碰到边缘就反弹"**积木，具体的代码如图 7-3 所示。

图7-3　让弹球在舞台上弹跳的代码

想一想　如果不使用**"右转 ×× 度"**积木，可以实现让弹球在舞台上弹跳的效果吗？这个积木在程序中有什么用？

7.1.4　让挡板跟随鼠标左右移动

"Paddle"由鼠标控制，能够跟随鼠标在舞台上左右移动。要实现这样的效果，可以重复不断地执行移到指定坐标积木。这个积木的 y 坐标是固定的初始化值 -150，x 坐标是侦测到的鼠标指针当前的 x 坐标。

让挡板跟随鼠标左右移动的代码如图 7-4 所示。

图7-4　让挡板跟随鼠标左右移动的代码

试一试　这段代码中，挡板"Paddle"角色是跟随鼠标左右移动的，你能不能编写代码，通过键盘上的←、→方向键控制挡板左右移动？

7.1.5　让弹球碰到挡板会反弹

当弹球碰到挡板后，改变它的运动方向。要实现这样的效果，可以重复不断地进行侦测判断：如果弹球碰到了"Paddle"，那么就播放声音，改变弹球的运动方向使弹球向上移动。让弹球碰到挡板就改变运动方向的代码如图7-5所示。

图7-5　让弹球碰到挡板就改变运动方向的代码

试一试　为什么在初始化代码中，"Ball"角色的"**面向 ×× 方向**"积木的参数是180，而让弹球碰到挡板就改变运动方向的代码中，这个积木的参数是0？参数可以是其他数值吗？为什么？

7.1.6　当弹球碰到舞台底部时就结束游戏

当弹球碰到舞台底部的红色"底线"时，根据游戏规则，游戏结束。要实现这样的效果，可以重复不断地进行侦测判断：如果弹球碰到了红色，就停止运行弹球的其他代码并显示提示信息，最后停止运行全部代码。

当弹球碰到舞台底部时就结束游戏的代码如图 7-6 所示。

图7-6　当弹球碰到舞台底部时就结束游戏的代码

"碰到颜色 × × ？"积木参数与一般积木的参数不一样，单击这个积木中的颜色块会打开图 7-7 所示的"颜色选择"面板。在这个面板中，除了可以直接通过"颜色""饱和度""亮度"这 3 个数值（范例作品中所绘制的"底线"的 3 个数值分别是 0、100、100）设置需要侦测的颜色外，也可以直接单击面板下方中央的"颜色吸取"图标，在高亮显示的舞台上，单击选中舞台下方的红色"底线"。

想一想	"让弹球碰到挡板会反弹"和"当弹球碰到舞台底部时就结束游戏"这两段代码都使用了**"重复执行"**积木，可以不用吗？为什么？

图7-7 "颜色选择"面板

7.2 课程回顾

课程目标	掌握情况
1. 认识"侦测"分类积木，进一步了解逻辑参数积木和数值参数积木，熟练掌握它们的使用方法	☆ ☆ ☆ ☆ ☆
2. 学会使用"碰到颜色××？""颜色×× 碰到颜色××？""鼠标的 x 坐标"和"鼠标的 y 坐标"等积木编写程序	☆ ☆ ☆ ☆ ☆
3. 掌握积木中颜色参数的设置方法，能够根据实际情况选择合适的方式设置颜色参数	☆ ☆ ☆ ☆ ☆
4. 能够根据实际情况，熟练设置"停止××"积木的参数，退出"无限循环"，停止运行程序	☆ ☆ ☆ ☆ ☆
5. 通过分析实例，深刻理解条件判断相关积木一般需要嵌套在循环结构相关积木中的原因	☆ ☆ ☆ ☆ ☆

7.3 课程练习

1. 单选题

（1）如果当前角色碰到 碰到颜色 ？ 积木指定的颜色，那么这个积木的返回值是（　　）。

A. True B. False C. 碰到 D. 没有碰到

（2）在如下图所示 Scratch 3 的"颜色选择"面板中，可以使用  工具选取、设置颜色。以下关于该工具，说法错误的是（　　）。

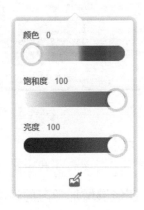

A. 可以选取舞台上角色的颜色

B. 可以选取舞台上背景的颜色

C. 可以选取舞台上角色或者背景的颜色

D. 可以选取代码区积木的颜色

2．判断题

（1）"侦测"分类中有用于侦测鼠标指针坐标的积木。（　　）

（2）积木中的两个颜色参数不能设置为同一种颜色。

（　　）

3．编程题

编写一个海洋场景中鲨鱼捕捉小鱼的程序。

（1）准备工作

导入海洋场景"Underwater 2"作为背景；删除舞台上默认的小猫角色，通过角色库添加"Shark 2"鲨鱼、"Fish"小鱼这两个角色。

（2）功能描述

小鱼在海洋中自由地游弋，玩家通过鼠标控制鲨鱼对它进行追逐。当小鱼被蓝色的鲨鱼追到时就消失（隐藏），等待 2 秒后，再在随机位置出现。要求使用"碰到颜色 ×× ？"积木。

第8课 猜猜我的坐标
——使用双分支选择结构

　　数学课中专门有与坐标相关的课程内容，作为一位爱动脑筋的编程爱好者，小猫喵喵准备制作一个小程序，让同学们猜苹果随机出现的坐标，这样不仅能让同学们熟悉与坐标相关知识，还能够增加学习的趣味性，一举两得。范例作品如图8-1所示。

　　本课的范例作品，使用名为"Xy-grid-20px"的背景图片和苹果角色，利用"双分支选择结构"让苹果随机出现在线条的交叉点上，计算机等待玩家输入答案，程序会自动判断答案是否正确。这个练习程序可以帮助同学们更好地掌握与坐标相关的知识。

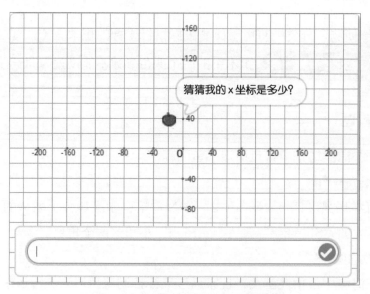

作品预览

图8-1 "猜猜我的坐标"范例作品

8.1 课程学习

8.1.1 相关知识与概念

1. 认识Scratch中的双分支选择结构

在 Scratch 中，除了使用"**如果 ×× 那么 ××**"积木设计单分支的选择结构，还可以使用"**如果 ×× 那么 ×× 否则 ××**"积木设计双分支的选择结构。

单分支选择结构使用"**如果 ×× 那么 ××**"积木，积木中间只有一个分支体，只有当条件成立时才会执行；双分支选择结构使用"**如果 ×× 那么 ×× 否则 ××**"积木，积木中间有两个分支体，当条件成立时执行第一个分支体，当条件不成立时执行第二个分支体。

其实双分支选择结构也可以拆解为两个单分支选择结构，但这样会使得代码冗余，不便于阅读。

典型的单、双分支选择结构所对应的程序流程图如图 8-2 所示。

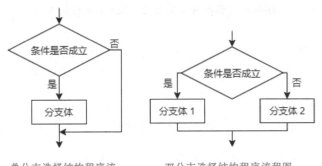

图8-2　单、双分支选择结构程序流程图

2. 认识新的积木

：属于"控制"分类，功能为如果条件成立，那么执行积木中间的第一个分支体；如果条件不成立，那么执行积木中间的第二个分支体。积木有一个参数，用于指定条件。

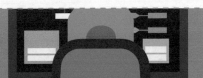：属于"侦测"分类，功能为显示指定文本内容并等待用户输

入。积木有一个参数，用于指定需要显示的提示文本。Scratch在运行这个积木时，会在当前角色右上角显示积木参数指定的文本内容（见图8-3），同时在舞台下方显示文本输入框，等待用户输入。用户输入完成后，直接按回车键或者用鼠标单击输入框右边的对钩按钮，代码就会继续执行。

图8-3 "询问××并等待"积木的运行效果

回答：属于"侦测"分类，用于存储最近一个**询问××并等待**积木的用户输入数据。

：属于"运算"分类，功能为对积木的两个参数进行比较，如果条件成立，那么返回值为 True，否则返回值为 False。这些积木都有两个参数，也就是需要比较的两个数值。

8.1.2 准备工作

1. 设置舞台背景

Scratch 默认的背景库片中有 3 张与舞台坐标相关的图片，其中名为"Xy-grid-20px"的是间隔为 20 像素的坐标图，我们可以选择它作为范例作品的舞台背景。

为了方便同学们确定苹果的坐标，可以在"背景"选项卡中，使用图像编辑器添加图 8-4 所示的坐标及相应的红色标记点。

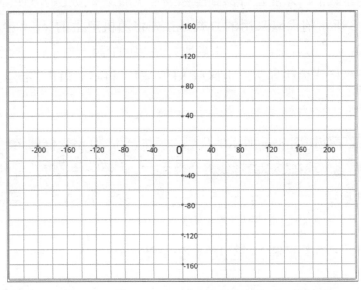

图8-4　在"Xy-grid-20px"舞台背景图上添加坐标及标记点

2. 设置角色

删除默认的小猫角色，通过"选择一个角色"对话框添加名为"apple"的苹果角色。

3. 编写初始化代码

单击选中苹果角色，添加图 8-5 所示的初始化代码，设置苹果的大小并让它移到随机位置。

图8-5　苹果角色的初始化代码

由于舞台背景坐标图的每格间隔为 20 像素，因此苹果角色随机出现的位置必须是 20 的整数倍，才能正好落到坐标参考线的交叉点上，方便同学们确定坐标值。图 8-5 所示的代码采用的方式是：先将随机产生的 x、y 坐标分别除以 20，再四舍五入，最后乘以 20，得到刚好是 20 的整倍数的 x、y 坐标；再将处理过的 x、y 坐标作为移到指定坐标积木的参数，将苹果角色移到坐标参考线的交叉点上。

想一想 除了使用图 8-5 所示的代码，随机产生 20 整数倍的坐标，让苹果角色出现在坐标参考线的交叉点上，你还有什么办法可以实现这一功能？

8.1.3 询问并判断x坐标是否回答正确

在 Scratch 中，如果需要接收用户通过键盘输入的文本信息，可以使用"**询问 ×× 并等待**"积木，用户输入的文本内容会临时存储在"**回答**"积木中。想要让程序询问并判断用户输入的 x 坐标是否回答正确，可以参考图 8-6 左图所示的代码，相对应的程序流程图如图 8-6 右图所示。

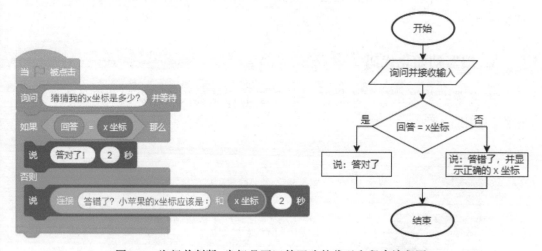

图8-6　询问并判断x坐标是否回答正确的代码和程序流程图

图 8-6 左图所示代码使用"**如果 ×× 那么 ×× 否则 ××**"积木来判断用户通过键盘输入并保存在"**回答**"积木中的坐标，和苹果角色实际在舞台上的坐标是否相同。如果条件成立，也就是"回答 =x 坐标"，那么就用"**说 ×××**

秒"积木显示"答对了！"；否则就把"答错了！"和实际的 x 坐标作为"**连接 ×× 和 ××**"积木的两个参数连接起来，再把它作为"**说 ×× ×× 秒**"积木的第一个参数，显示回答错误的反馈信息。

> **试一试** 如果不用"**如果 ×× 那么 ×× 否则 ××**"积木，而是改用两个"**如果 ×× 那么 ××**"积木，图 8-6 所示的代码应该如何修改？

8.1.4 询问并判断 y 坐标是否回答正确

询问并判断 y 坐标是否回答正确的代码与询问并判断 x 坐标是否回答正确的代码基本相同，只要把所有的"**x 坐标**"积木替换成"**y 坐标**"积木就可以。

具体的代码如图 8-7 所示，把这组代码组合到图 8-6 所示的代码下方，就组成了完整的分别询问并判断 x、y 坐标是否输入正确的代码。

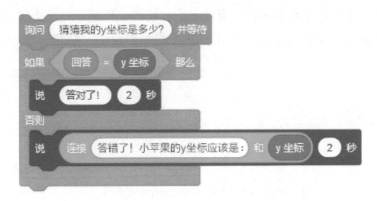

图8-7 询问并判断 y 坐标是否回答正确的代码

> **试一试** 如果玩过一次这个游戏还想玩，必须再次单击"绿旗"重新运行程序。如何修改程序，使得只要单击一次"绿旗"，就可以不断重复玩这个游戏？

8.1.5 限定苹果角色随机出现的位置

"**询问 ×× 并等待**"积木在运行时会在舞台最下方显示文本输入框，如果

苹果角色随机出现的位置正好处于这个区域，就会被输入框挡住，导致游戏玩家看不到苹果的位置。因此在苹果角色初始化代码的最下方，应该再添加图 8-8 所示的代码，对随机产生的 y 坐标进行判断：如果 y 坐标 < -90，就把 y 坐标设为 -90，也就是把苹果角色随机出现的 y 坐标限定在 -90 及以上，确保它不会被**询问 ×× 并等待**积木的输入框挡住。

图8-8 限定苹果角色随机出现位置的代码

试一试 由于苹果的初始化代码使用了移到指定坐标积木，产生的坐标可能不符合代码运行时遇到的实际限定条件——坐标必须是20的整倍数、y 坐标必须大于 -90，因此我们在初始化代码中对苹果实际的坐标使用了一定的算法进行修订。你还能编写其他代码实现同样的功能吗？

8.2 课程回顾

课程目标	掌握情况
1. 了解双分支选择结构，知道它与单分支选择结构的区别，掌握双分支选择结构程序流程图的画法	☆ ☆ ☆ ☆ ☆
2. 学会使用"**如果 ×× 那么 ×× 否则 ××**""**询问 ×× 并等待**""**回答**"以及"**× ×>× ×**""**× ×<× ×**""**× ×=× ×**"等积木编写程序	☆ ☆ ☆ ☆ ☆
3. 能够嵌套双分支选择结构与循环结构相关积木，编写比较复杂的程序	☆ ☆ ☆ ☆ ☆
4. 结合实例初步理解随机数，掌握随机数取整的方法，能够根据需要将角色坐标处理为整十、整百数，达到限定角色在舞台中的位置的目的	☆ ☆ ☆ ☆ ☆

8.3 课程练习

1. 单选题

（1）与选择程序结构相关的积木属于（　　）分类。

A. 事件　　　B. 运动　　　C. 控制　　　D. 侦测

（2）回答 积木可以同时存储（　　）个通过  积木输入的数据。

A. 1　　　　B. 2　　　　C. 3　　　　D. 4

2. 判断题

（1）49 > 50 积木的返回值为 False。（　　）

（2）一个 如果 那么 否则 积木，一般可以用两个 如果 那么 积木替代。（　　）

3. 编程题

编写一个能够正确辨识颜色的程序，作为幼儿美术课上小猫老师的课件。

（1）准备工作

导入背景坐标系图片 Xy-grid，分别对 4 个象限的背景进行颜色编辑：填充红、绿、蓝、黄 4 种颜色。对小猫角色进行初始化设置，设置小猫大小为 10，让它移动到随机位置，翻转方式为左右翻转，碰到边缘就反弹。

（2）功能描述

小猫的身体不落在任意一个坐标轴上。

小猫能够侦测到并说出它所在区域的准确颜色。

第9课 放烟花
——使用不确定性循环

在各种喜庆的日子里，人们为了增添欢乐的气氛，有燃放烟花的习惯。绽放在夜空中的烟花五彩缤纷，漂亮极了！但燃放烟花也会产生空气污染、环境卫生和噪声等问题，因此这些年很多城市都禁放烟花了。小猫喵喵打算使用 Scratch 编写一个模拟燃放烟花的程序，以绚丽又环保的方式进行庆祝。范例作品如图9-1所示。

本课的范例作品，用"不确定性循环"控制烟花的升空效果，用"确定性循环"控制烟花的爆炸，让作品的夜空中到处绽放出美丽的烟花。

作品预览

图9-1 "放烟花"范例作品

9.1 课程学习

9.1.1 相关知识与概念

1. 认识不确定性循环

我们通过前面的学习可以知道，**"重复执行 ×× 次"** 积木的重复执行次数，也就是循环次数是确定的，因此它属于"确定性循环"。

而 **"重复执行直到 ××"** 积木是根据条件判断的结果来决定是否执行循环体的，事先并不知道具体的循环次数，因此它属于"不确定性循环"。

也就是说，"确定性循环"运行一次，循环体就计数一次，当重复执行（也就是循环）次数达到参数所指定的数值时就结束循环；而"不确定性循环"在运行循环体前先对条件进行判断，如果条件不成立就循环，如果条件成立就结束循环。对于"不确定性循环"来说，如果条件永远不成立，那就变成了无限循环。

图 9-2 左图是"确定性循环"的程序流程图，右图是"不确定性循环"的程序流程图。

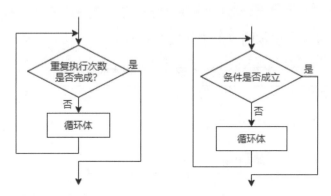

图9-2 "确定性循环"和"不确定性循环"的程序流程图

2. 认识新的积木

：属于"控制"分类，如果条件不成立，就执行组合在积木中间的循环体；如果条件成立，就结束循环。积木有一个参数，用于指定条件。

：属于"侦测"分类，侦测用户有没有按下鼠标（具体按键不限）。

如果用户按下了鼠标，那么返回值为 True；否则返回值为 False。

与：属于"运算"分类，对积木的两个参数进行逻辑运算，如果两个参数都为"真"，也就是 True，那么这个积木逻辑运算的结果为 True；否则返回值为 False。

"×× 与 ××"积木在不同参数值情况下的逻辑运算结果如表 9-1 所示，这种表格也叫作"真值表"。

表 9-1　"×× 与 ××"积木的真值表

第一个参数值	第二个参数值	逻辑运算结果
True	True	True
True	False	False
False	True	False
False	False	False

或：属于"运算"分类，对积木的两个参数进行逻辑运算，如果两个参数中任何一个为"真"，也就是 True，这个积木逻辑运算的结果就为 True；只有两个参数都为"假"，也就是 False，这个积木逻辑运算的结果才为 False。

"×× 或 ××"积木的真值表如表 9-2 所示。

表 9-2　"×× 或 ××"积木的真值表

第一个参数值	第二个参数值	逻辑运算结果
True	True	True
True	False	True
False	True	True
False	False	False

不成立：属于"运算"分类，积木只有一个参数，当这个参数为"真"，也就是 True 时，这个积木逻辑运算的结果为 False；当这个参数为"假"，也就是 False 时，这个积木逻辑运算的结果为 True。

"×× 不成立"积木的真值表如表 9-3 所示。

表 9-3　"× × 不成立"积木的真值表

参数值	逻辑运算结果
True	False
False	True

9.1.2　准备工作

1．设置舞台背景

我们一般在夜晚燃放烟花，可以通过"选择一个背景"对话框添加名为"Night City"的城市夜景背景图片。

2．设置角色

Scratch 的角色库中没有与烟花有关的角色，我们可以自己绘制或者通过上网搜索的方式获取自己喜欢的烟花角色图片。本课范例作品所使用的烟花角色如图 9-3 所示。

图9-3　范例作品所使用的烟花角色

为了使燃放效果更好，我们在默认的烟花绽放的造型之外，又给范例作品中的烟花角色添加了一个圆点造型。这个圆点造型在烟花上升阶段使用，等烟花到了高空以后，再切换到烟花绽放的造型。

3．编写初始化代码

由于烟花角色在燃放过程中会切换造型、改变大小、设置图形特效，因此需要对每个烟花角色编写如图 9-4 所示的初始化代码，设置这个角色的相关属性。

为了让烟花绽放的效果更加出色，图 9-4 所示代码的最后两个积木，一个用于将角色移到随机位置，另一个将 y 坐标设为 −100，也就是让烟花在舞台下方的黑色区域出现，准备燃放。

图9-4　3个烟花角色的
初始化代码

9.1.3 烟花上升

范例作品中的烟花是从舞台下方的黑色区域向上方燃放的，这里使用了"**重复执行直到××**"积木，如果"*y*坐标>140"条件不成立，那么循环一次就增大一次*y*坐标和角色大小，这样烟花就从舞台下方向上方一边移动、一边增加角色大小；当"*y*坐标>140"条件成立，也就是烟花移动到舞台上方时，就结束循环，让烟花停止移动和改变大小。

具体的代码如图9-5左图所示，对应的程序流程图如图9-5右图所示。

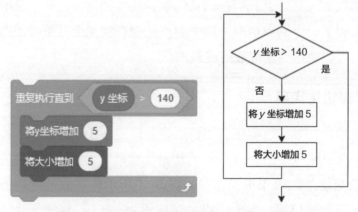

图9-5　烟花上升的代码及对应的程序流程图

图9-5所示的烟花上升的代码所实现的功能，能不能用"**重复执行××次**"积木编写？"**重复执行××次**"和"**重复执行直到××**"这两个积木有什么不同？

9.1.4 按下鼠标也能够终止烟花上升

图9-6所示的烟花上升代码，"**重复执行直到××**"积木的参数与图9-5中的不同，它使用"**××或××**"积木将"*y*坐标>140"和"**按下鼠标?**"这两个判断条件组合在一起，也就是这两个条件只要有一个满足，就结束循环，让烟花停止移动和改变大小。

图9-6　按下鼠标也能够终止烟花上升的代码

图9-6所示的"**重复执行直到××**"积木的参数中，能不能用"**××与××**"积木替代"**××或××**"积木？为什么？

9.1.5 烟花绽放

烟花绽放先要从圆点造型切换成烟花绽放的造型，然后将角色大小设小一些，再通过"**重复执行××次**"积木将烟花角色逐步增大，改变颜色和虚像特效。具体代码如图9-7所示，我们可以把这些代码组合到图9-6所示代码的下方。

图9-7 烟花绽放的代码

试一试　除了范例作品所表现的烟花绽放效果，你能编写代码实现新的烟花绽放效果吗？

9.1.6 让烟花燃放更加灿烂

要让烟花燃放得更加灿烂，范例作品是从以下几方面着手的。

1. 重复不断地燃放

执行以上编写的代码，烟花燃放的过程只执行一次。我们可以使用"**重复执行**"积木，重复执行烟花上升、绽放的代码。需要注意的是，由于烟花每次重复燃放，都需要初始化角色的相关属性，因此与初始化相关的代码也应该组合到"**重复执行**"积木中。

2. 添加各种形态的烟花角色

添加各种不同形态的烟花角色，可以让烟花燃放得更灿烂、视觉效果更好。这些角色的代码基本相同，我们可以通过将已编写好的角色代码拖曳到其他角色缩略图上的方式，在不同角色间复制代码。

3. 添加声音，增强现场效果

为了达到比较好的视听效果，可以为程序添加燃放烟花的效果声音。由于所有角色都可以使用这段燃放效果声音，应该单击背景缩略图，在背景中添加声音、控制播放声音。

在背景中播放烟花燃放效果声音的代码如图9-8所示。

图9-8 在背景中播放烟花燃放效果声音的代码

试一试 你还有其他办法，能够让烟花燃放得更加灿烂吗？

 9.2 课程回顾

课程目标	掌握情况
1. 了解不确定性循环，知道它与确定性循环的区别，掌握不确定性循环程序流程图的画法	☆ ☆ ☆ ☆ ☆
2. 初步了解逻辑运算积木，知道不同逻辑运算积木的运算结果	☆ ☆ ☆ ☆ ☆
3. 学会使用"**重复执行直到××**""**按下鼠标？**"以及"**×× 与 ××**""**×× 或 ××**""**×× 不成立**"等积木编写程序	☆ ☆ ☆ ☆ ☆
4. 能够嵌套不确定性循环与逻辑运算积木，编写比较复杂的程序	☆ ☆ ☆ ☆ ☆

 9.3 课程练习

1. 单选题

（1）以下积木中，（　　）能够进行逻辑运算。

A. ⬭ + ⬭　　　B. ⬭ > 50　　　C. ⬡ 或 ⬡　　　D. 四舍五入 ⬭

（2）以下积木中，（　　）的返回值为 True。

A.  B.

C. D.

2．判断题

（1）哪怕 积木的条件不成立，也至少会执行一次积木中间的循环体。（　　）

（2） 积木的返回值为 False。（　　）

3．编程题

编写一个饥饿的小熊吃蜂蜜的趣味场景程序。

（1）准备工作

导入自选背景；添加名为"Bear"的小熊角色；删除舞台上默认的小猫角色，绘制蜂蜜瓶子（含蜂蜜）角色。根据需要进行初始化设置。

（2）功能实现

实现用键盘控制小熊的上、下、左、右移动。

蜂蜜瓶子随机出现在屏幕中。

蜂蜜瓶子出现后会逐渐变小，直到变为原大小的 50%。

小熊追到蜂蜜瓶子后发出声音，瓶子消失，表示蜂蜜被小熊吃掉。吃掉蜂蜜的小熊会逐渐长大，吃掉大瓶蜂蜜，小熊每次增大 10%；吃掉小瓶蜂蜜，小熊每次增大 5%。

小熊大小增大到 200% 时停止进食，表示小熊已经非常非常饱了。要求使用不确定性循环——"重复循环直到××"积木。

第 10 课　一闪一闪亮晶晶——演奏音乐

　　小猫喵喵是森林里的音乐家，它打算给即将举办的森林音乐节创作一首主题歌曲。一天晚上，它走出房间望向夜空，有几颗小星星仿佛眨着眼睛在和它说话。它下意识地伸手去摸，小星星居然能够弹奏！喵喵开心极了，它的音乐灵感一下子被激发了，一曲美妙的乐章马上在脑海里呈现……范例作品如图 10-1 所示。

　　制作本课的范例作品，我们要单击"添加扩展"按钮增加"音乐"分类，再增加 7 个星星角色，利用"演奏音符"积木，实现当某个星星角色被单击时，能分别发出 do、re、mi、fa、sol、la、si 这些音符的功能。

作品预览

图10-1　"一闪一闪亮晶晶"范例作品

10.1 课程学习

10.1.1 相关知识与概念

1. 添加"音乐"分类积木

在 Scratch 3 中，"音乐"不是默认显示的分类，属于扩展分类，需要先添加才能使用。

要添加"音乐"扩展分类，可以先单击积木分类列表左下角的"添加扩展"按钮，打开图 10-2 所示的"选择一个扩展"对话框。

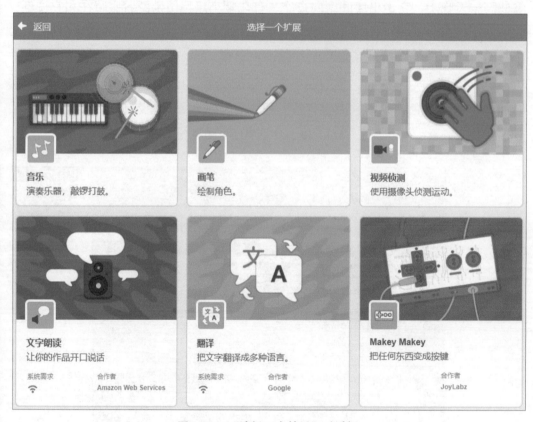

图10-2 "选择一个扩展"对话框

然后单击"音乐"，自动返回 Scratch 编程窗口后可以发现，"音乐"扩展分类已经添加到积木分类列表最下方，如图 10-3 所示。

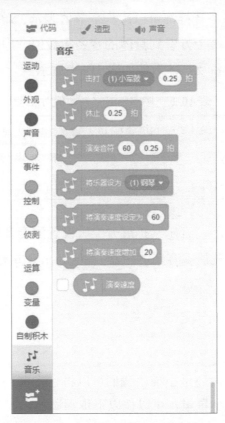

图10-3　添加"音乐"扩展分类后的分类列表及"音乐"分类扩展积木

2. 认识新的积木

演奏音符 60 0.25 拍 ：属于"音乐"扩展分类，根据指定的音符、节拍演奏音乐。积木的第一个参数设置需要演奏的音符，可以直接输入数值；也可以单击后，在打开的图 10-4 所示的虚拟键盘上单击琴键选择。积木的第二个参数设置演奏音符的节拍，也就是发出声音的时间长度，默认 1 拍相当于 1 秒。

图10-4　"设置演奏音符"虚拟键盘

在 Scratch 中，每个音符都可以用一个数值表示，单击图 10-4 所示的虚拟键盘琴键时，可以在琴键上方看到具体的音名和数值。虚拟键盘上默认显示的 C 大调 7 个音的唱名、音名及具体数值如表 10-1 所示。

表 10-1　唱名、音名及数值对照表

唱名	……	do（1）	re（2）	mi（3）	fa（4）	sol（5）	la（6）	si（7）	……
音名	……	C	D	E	F	G	A	B	……
数值	……	60	62	64	65	67	69	71	……

将乐器设为 (1)钢琴 ：属于 "音乐" 扩展分类，设置演奏音乐的乐器。积木有一个下拉列表参数，用于设置演奏音乐的乐器，Scratch 3 共有 21 种乐器可供选择。

10.1.2　准备工作

1．设置角色

本课范例作品的主角还是小猫，我们可以将它拖曳到舞台左下角。范例作品中还有 7 颗带有唱名的小星星，可以按以下步骤添加。

（1）通过"选择一个角色"对话框添加名为"Star"的小星星角色。

（2）选中所添加的"Star"角色，单击"造型"选项卡，在图像编辑器中使用"文本"工具，在角色中间添加数字"1"，可以设置字体为"Maker"、数字的填充颜色为红色（也就是颜色为 0、饱和度为 100、亮度为 100），如图 10-5 所示。

图10-5　在"Star"角色中添加唱名

（3）用鼠标右键单击角色列表区的"Star"角色缩略图，在打开的右键菜单中选择"复制"选项，复制一个完全相同的小星星角色。

（4）选中新复制的小星星角色缩略图，在"造型"选项卡的图像编辑器中，使用"文本"工具将数字由"1"改为"2"。

（5）按以上步骤，通过复制、修改的方式添加所有小星星角色，然后将它们摆放到舞台上合适的位置。

2. 设置舞台背景

本课范例作品的背景是星空，可以通过"选择一个背景"对话框添加名为"Space2"的星空背景图片。

10.1.3 叮叮咚咚小星星

在本课的范例作品中，单击不同的"Star"小星星角色，就会演奏相应的音符。可以使用"事件"分类中的**当角色被点击**积木和"音乐"分类中的**演奏音符 × × × × 拍**积木。

演奏"1（do）"的小星星角色的代码如图 10-6 所示。

图10-6 演奏"1（do）"的小星星角色的代码

Scratch 默认的演奏乐器是"钢琴"，我们也可以在**将乐器设为 × ×** 积木的下拉列表参数中选择自己喜欢的乐器来演奏音符。

试一试 编写通过键盘上的数字键弹奏音符的代码。

10.1.4 让星星闪烁

在弹奏音乐时，可以使用"外观"分类中的"**将 × × 特效设定为 × ×**"积木，设置角色的外观特效，让星星闪烁，使程序更加生动有趣。

演奏"1（do）"的小星星角色的代码如图 10-7 所示。

图10-7　演奏"1（do）"的小星星角色的代码（加特效）

试一试　将"do、re、mi、fa、sol、la、si"这 7 个小星星角色的演奏代码编写完成，然后根据图 10-8 所示的乐谱，尝试演奏《一闪一闪亮晶晶》这首乐曲。也可以选择音乐课本中自己喜欢的乐曲来演奏。

图10-8　《一闪一闪亮晶晶》的乐谱

10.2 课程回顾

课程目标	掌握情况
1. 知道 Scratch 3 的扩展分类，掌握扩展分类积木的添加方法	☆ ☆ ☆ ☆ ☆
2. 认识"音乐"扩展分类积木，知道它们与"声音"分类积木的区别	☆ ☆ ☆ ☆ ☆
3. 学会使用"**演奏音符 ×× ×× 拍**""**将乐器设为 ××**"等积木编写程序	☆ ☆ ☆ ☆ ☆
4. 掌握"音乐"扩展分类积木中参数的设置方法，能够根据实际需要设置参数	☆ ☆ ☆ ☆ ☆

 10.3 课程练习

1. 单选题

（1）在 Scratch 3 中，点击以下（　　）图标，可以添加扩展分类。

A. 🚩　　　　　B. 🏁　　　　　C. ⚙　　　　　D. 🖼

（2）如下图所示，演奏音符的唱名是（　　）。

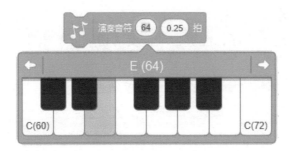

A. do（1）　　　B. re（2）　　　C. mi（3）　　　D. fa（4）

（3）小明编写了一个用长号演奏乐曲的 Scratch 程序，他一定会用到以下的（　　）积木。

A. 🎵 休止 0.25 拍　　　　B. 🎵 演奏音符 84 0.25 拍

C. 🎵 将乐器设为 (9) 长号 ▾　　　D. 🎵 将演奏速度设定为 60

2. 判断题

（1）"音乐"分类的积木和"声音"分类的积木颜色是一样的。（　　）

（2）![将演奏速度设定为60]积木的参数值越大，每拍音乐的演奏时间越长。（　　）

3. 编程题

编写图10-9所示的《粉刷匠》乐曲自动演奏程序。

```
5 3 5 3 | 5 3   1 | 2 4 3 2 | 5 -  | 5 3 5 3 | 5 3   1 |
我是一个   粉刷 匠,粉刷本领 强。    我要把那   新房子

2 4 3 2 | 1 -  | 2 2   4 4 | 3 1   5 | 2 4   3 2 |
刷得很漂   亮。    刷了房顶   又刷 墙,刷子 飞舞

5 -  | 5 3 5 3 | 5 3   1 | 2 4 3 2 | 1 -  |
忙,      哎呀我的   小鼻 子,   变呀变了   样。
```

图10-9　《粉刷匠》的乐谱

（1）准备工作

在本课范例作品的基础上编写本程序。

（2）功能实现

单击"绿旗"运行程序，能够自动演奏《粉刷匠》乐曲。

第 11 课 小猫的魔法书——录制声音

在第 1 课中，爱冒险的小猫喵喵只身一人前往城堡探险，它在城堡中有哪些发现呢？原来它在城堡中找到了一个密室，密室的桌子上摆放着许多尘封已久的书。没想到这些书竟然是魔法书！它们都能够绘声绘色地讲故事。范例作品如图 11-1 所示。

制作本课的范例作品，要在"声音"选项卡中录制声音，并对选中的声音文件进行编辑、处理。然后设计按钮控制魔法书的翻页、声音播放，使这本魔法书充满魔力！

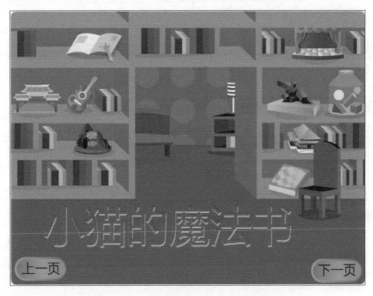

作品预览

图11-1 "小猫的魔法书"范例作品

11.1 课程学习

11.1.1 相关知识与概念

1. 认识"声音"选项卡

在 Scratch 中，使用最多的是默认显示的"代码"选项卡，我们可以在这个选项卡中编写、调试程序。如果要对角色造型或者舞台背景进行编辑，可以在选中角色缩略图的前提下进入"造型"选项卡，或者在选中舞台背景缩略图的前提下进入"背景"选项卡。除此之外，还有一个"声音"选项卡（见图11-2）。

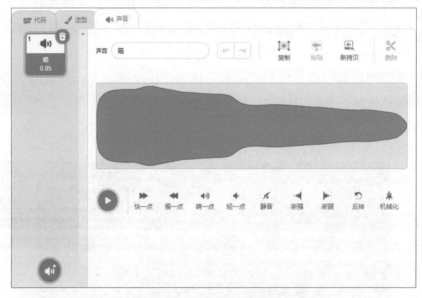

图11-2 "声音"选项卡

"声音"选项卡的左边是当前选中的角色或者舞台的声音列表区。很多角色都有默认的声音，比如小猫角色默认的声音是猫叫声"喵"。

"声音"选项卡的左下方是"选择一个声音"按钮。与添加角色类似，我们也可以从 Scratch 自带的"声音库"中，以"上传声音"或者"录制"等方法添加声音文件。

"声音"选项卡的右边是声音编辑区，从上到下共分为 3 部分。

● 最上面的左边是当前选中的声音文件的名称；中间是很多软件有的"撤销"

和"重做"按钮,在编辑声音文件时非常有用;右边是与复制相关的 4 个按钮,可以对选中的声音文件进行复制、粘贴、新拷贝以及删除等操作。

● 中间是当前选中的声音文件的波形图。要对声音进行编辑,很多情况下都要先用鼠标在波形图上拖动。在拖动的过程中会自动显示蓝色的选定框,选定框所框定的是需要编辑的区域;如果有必要还可以拖动左、右两边的标线调整选定区域的范围。如果不拖动选中,就是对整个声音文件进行编辑。

● 最下面的左边是"播放"控制按钮,控制播放声音或者在播放的过程中停止播放;右边是改变声音效果的 9 个功能按钮,可以对选中的声音设置效果:加快或者减慢播放速度、提高或者降低音量、静音、调整声音从弱到强或者从强到弱、把声音反过来播放、使得声音带有机械效果。

2. 使用麦克风

要录制语音,比如我们自己朗读的故事,需要用到"麦克风"。它是由"microphone"这个英语单词音译而来,也称为"话筒""传声器",是一种将声音信号转换为电信号的电子器件。

很多计算机,特别是笔记本电脑和一体机,内置了麦克风;如果计算机没有内置麦克风,就需要使用外置的麦克风录音,使用比较多的是将耳机和麦克风整合在一起的"耳麦"。

内置的麦克风不用安装,直接就可以使用。使用外置的麦克风,需要将连接线上的插头插到计算机相应的声频插孔上。

大多数耳麦连接线的一端有两个不同颜色的插头,其中红色的插头上印有麦克风图标,这是麦克风插头;绿色的插头上印有耳机图标,是耳机插头。你在计算机上也能够找到相应颜色的两个声频插孔。将耳麦的两个插头分别插入颜色相对应的插孔中,就可以完成连接,如图 11-3 所示。极少数计算机上可能只有一个声频插孔,相应的也应该使用只有一个插头的耳麦。

图11-3　耳麦两个不同颜色的插头与计算机上相对应的插孔

3. 认识新的积木

停止所有声音 ：属于"声音"分类，停止播放角色的所有声音。

11.1.2 准备工作

1. 设置舞台背景

本课的范例作品中，魔法书讲的童话故事是法国作家夏尔·佩罗的《穿靴子的猫》，相关的背景图片可以自行绘制，也可以通过网络搜索获取。

2. 设置角色

删除默认的小猫角色；再通过"选择一个角色"对话框添加名为"Button2"的角色作为翻页按钮，该角色有两个造型，可以仅保留名为"button2-b"的橙色按钮造型；然后再用"文本"工具添加"上一页"文字；最后复制"Button2"角色，得到另一个按钮角色，修改这个复制角色的文字为"下一页"。

3. 编写初始化代码

单击选中舞台背景缩略图，添加图11-4所示的初始化代码，使得程序运行时，舞台上显示的是名为"00"的舞台背景图片，也就是绘本的封面。

图11-4 舞台背景图片的初始化代码

11.1.3 用按钮控制转换舞台背景

在本课范例作品中，用户可以单击"上一页"和"下一页"这两个按钮角色，前后翻页查看故事。要实现这一功能，可以使用**"当角色被点击"**和**"换成××背景"**这两个积木，**"换成××背景"**积木的参数除了具体的、已经添加到舞台上的背景名称以外，还有"下一个背景"和"上一个背景"这两个选项。因此可以设置"上一页"按钮角色的**"换成 × × 背景"**积木的参数为"上一个背景"，设置"下一页"按钮角色的**"换成 × × 背景"**积木的参数为"下一个背景"。

用按钮控制转换舞台背景的代码如图 11-5 所示。

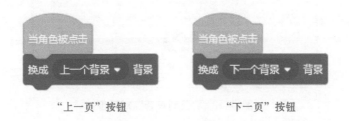

图11-5　用按钮控制转换舞台背景的代码

想一想　除了使用**"换成 × × 背景"**积木控制转换舞台背景，还可以使用其他积木吗？具体应该如何编写代码？

11.1.4　在Scratch中录制故事朗读

用户单击翻页按钮翻页时，本课范例作品会自动播放与所显示绘本图片相对应的朗读声音。这些朗读声音文件，可以在 Scratch 的"声音"选项卡中录制。

为了与舞台背景中的故事图片相对应，朗读最好也是一段一段分别录制、保存。具体可以按照以下步骤操作。

（1）范例作品都是在舞台背景代码中控制故事朗读，因此我们需要单击选中舞台背景缩略图，然后再单击"声音"选项卡，将鼠标指针指向"声音"选项卡左下角的"选择一个声音"按钮，在弹出的图形菜单中选择"录制"按钮，打开图 11-6 所示的"录制声音"对话框。

青少年软件编程基础与实战（图形化编程二级）

图11-6　"录制声音"对话框

　　如果使用的是在线版 Scratch，那么在第一次单击"录制"按钮时，浏览器会出现是否允许使用麦克风的安全对话框，必须单击"允许"按钮才能录音。

　　（2）如果计算机连接的麦克风工作正常，"录制声音"对话框左边会有格子跳动，表示当前录音的音量。如果格子没有跳动或者跳动幅度太小，就需要检查麦克风是否连接正常、用户是否距离麦克风太远；同时也要确保格子不能长时间在上方红色区域跳动，这会导致音量太大、声音失真。

　　（3）单击"录制声音"对话框下方中间的"录制"按钮，对着麦克风朗读，就可以把声音录制下来。在录音过程中，"录制声音"对话框中间会显示所录制声音的波形。

　　（4）声音录制完成以后，可以单击对话框下方的"停止录制"按钮停止录音，"录制声音"对话框中间的声音编辑区域会显示所录制声音的波形，如图11-7所示。

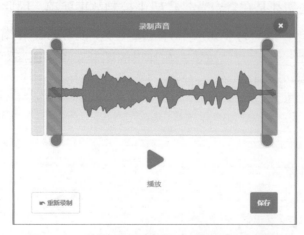

图11-7　录制完声音以后的"录制声音"对话框

090

（5）录制完声音以后，可以单击对话框中间的"播放"按钮播放声音。如果对所录制的声音不满意，可以单击对话框右下角的"重新录制"按钮，重新录音；也可以用鼠标拖动声音编辑区域左右两边红色的标尺，将不需要的声音框选住，后续保存时，这部分声音不会保留；如果满意所录制的声音，可以单击右下角的"保存"按钮，Scratch 会返回"声音"选项卡，将声音保存在左边的声音列表区。

（6）单击选中所录制的声音，在选项卡声音编辑区左上角的声音文件名称文本框内，输入一个合适的名称命名这个声音文件。范例文件中，绘本封面的声音文件被命名为"00"，第一张图片的声音文件被命名为"01"……后续声音文件依次命名。

（7）如果有必要，还可以在声音编辑区对所录制的声音进行编辑，设置各种声音效果。

> **试一试** 通过网络查找《穿靴子的猫》这个童话故事的文本，根据文本内容，尝试为每一张故事图片录制配音，并对所录制的配音文件进行编辑。

11.1.5 用代码控制故事朗读

用户翻到某一页，本课范例作品能够自动朗读这一页的故事。要实现这样的效果，可以单击选中舞台背景缩略图，为它编写控制故事朗读的代码。

这段代码中最重要的是"事件"类别中的**"当背景换成 ××"**积木，它的作用是：当显示下拉列表参数中所指定的背景时，执行这个积木下方的代码。因此在这个积木的下方还应该添加"声音"类别中的**"停止所有声音"**及**"播放声音 ××"**积木，用来停止无关的声音，只播放**"当背景换成 ××"**积木参数相对应的故事。

每个舞台背景都应该有这样一段代码，用来控制故事朗读。这些代码结构完全相同，我们可以通过先复制、再修改参数的方法，为所有舞台背景添加相应的故事朗读代码。图 11-8 所示就是名为"00"的封面及名为"01""02"的第 1 页、第 2 页所对应的代码。

图11-8 控制故事朗读的部分代码

试一试 使用图11-8所示的代码，朗读完当前页面的故事后，必须单击翻页按钮才能翻页，继续朗读下一页故事。请编写代码，使程序在朗读完当前页故事后，能自动显示下一页并且朗读故事。

11.2 课程回顾

课程目标	掌握情况
1. 认识"声音"选项卡，掌握在"声音"选项卡中添加声音文件、对声音文件进行属性设置、剪辑/处理声音的方法	☆ ☆ ☆ ☆ ☆
2. 认识麦克风，掌握将麦克风与计算机连接起来的方法，能够在 Scratch 中通过麦克风录制声音	☆ ☆ ☆ ☆ ☆
3. 学会使用**"停止所有声音"**等积木编写程序	☆ ☆ ☆ ☆ ☆
4. 通过实例程序，掌握 Scratch 中声画同步程序的编写技巧	☆ ☆ ☆ ☆ ☆

11.3 课程练习

1. 单选题

（1）要在 Scratch 中录制声音，应该将鼠标指针指向"声音"选项卡左下角的"选择一个声音"按钮，在弹出的图形菜单中单击（　　）图标。

    A.⬆️　　B.🐱　　C.🎤　　D.🔍

（2）关于 停止所有声音 积木，以下说法是正确的是（　　）。

    A. 可以停止播放所有角色的声音

    B. 只能停止播放当前角色的声音

C. 可以停止播放所有角色和背景的声音

D. 不能停止播放背景的声音

2. 判断题

（1）在 Scratch 的声音编辑区，可以对选中的这段声音单独设置"机械化"效果。（　　）

（2）Scratch 中所有的角色都可以有自己独有的声音。（　　）

3. 编程题

编写一个将声音音量逐渐减小的程序。

（1）准备工作

删除舞台上默认的小猫角色，添加名为"Horse"的角色，导入声音"Gallop"。

（2）功能描述

程序运行后，角色"Horse"从舞台左侧移动到右侧，声音"Gallop"逐渐变小，当音量小于 30 时停止运行全部代码。

第12课 画正多边形
——使用画笔

小猫喵喵是一位艺术家，它擅长使用 Scratch 编写程序绘制各种正多边形。在程序中，它有一支神奇的画笔，虽然我们看不见，但它在所到之处都会留下痕迹。只要告诉它正多边形的边数，它马上就会在屏幕上工工整整地把这个正多边形画出来。范例作品如图 12-1 所示。

制作本课范例作品，也是先要通过"添加扩展"按钮增加"画笔"分类，然后找到**"重复执行 ×× 次"**和旋转角度之间的关系，使用**"询问 ×× 并等待"**和**"回答"**积木确定需要绘制的正多边形的边数，然后利用"画笔"分类的积木绘制正多边形。

作品预览

图12-1 "画正多边形"范例作品

12.1 课程学习

12.1.1 相关知识与概念

1. 认识"画笔"

Scratch 的每个角色都有一支看不见的画笔，默认状态下，画笔在舞台上移动是不会留下痕迹的；设置角色画笔的状态为"落笔"后，当这个角色移动时，就会按照画笔的属性（颜色、粗细）留下痕迹，画出图形。

在 Scratch 3 中，"画笔"与"音乐"分类类似，都不是默认显示的分类，使用之前需要先单击"添加扩展"按钮，在打开的"选择一个扩展"对话框中添加。图 12-2 所示就是添加了"画笔"分类之后的积木区。

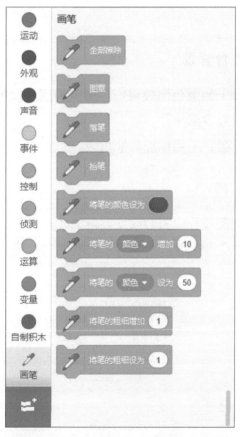

图12-2 添加"画笔"分类后的积木区

2. 认识新的积木

![落笔] ：属于"画笔"分类，设置当前画笔状态为"落笔"，角色在舞台上移动时就会留下痕迹。

![抬笔] ：属于"画笔"分类，设置当前画笔状态为"抬笔"，角色在舞台上移动时就不会留下痕迹。

![全部擦除] ：属于"画笔"分类，清除舞台上所有角色移动留下的画笔痕迹。

![将画笔的粗细设为 1] ：属于"画笔"分类，将当前角色画笔的粗细直接设为指定值。该积木有一个参数，用于指定设置值。

![将画笔的粗细增加 1] ：属于"画笔"分类，将当前角色画笔的粗细在原来的基础上增加指定值。积木有一个参数，用于指定增加值。

12.1.2 准备工作

1. 设置角色和舞台背景

舞台背景可以选择一幅颜色比较单一、清爽的图片，范例作品添加的是名为"Blue Sky 2"的蓝色背景图片。

范例的主角还是小猫，不用添加其他角色。

2. 编写初始化代码

由于小猫在后续画图过程中将会改变画笔的状态，可能会导致舞台比较杂乱，我们可以选中小猫角色，编写图 12-3 所示的初始化代码，设置小猫的大小、位置及画笔的属性。

图12-3　小猫的初始化代码

12.1.3　在Scratch中画线段

如果要在 Scratch 舞台上画一条线段，可以先设置画笔状态为"**抬笔**"，将角色移到线段的一个端点，然后设置"**落笔**"，移动角色。具体代码如图12-4 所示。

图12-4　在Scratch中画线段的代码

| 试一试 | 除了用"**移动××步**"积木画线段，还可以用移到指定坐标积木或者在 ×× **秒内滑行到指定坐标**积木画线段吗？请编写代码试试看。 |

12.1.4 在Scratch中画正方形

正方形有 4 条边，每条边的长度相同，相邻两条边所组成的角是直角。

要让小猫画出正方形，可以先让它移动一定的长度作为正方形的一条边，再旋转 90 度；然后继续移动相同的长度，再旋转 90 度……这样一共重复执行 4 次。

画正方形的代码如图 12-5 所示。

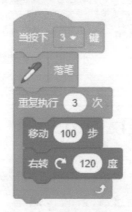

图12-5　画正方形的代码

> **试一试**　尝试在舞台的随机位置画正方形，编写代码时要注意角色当前是处于"抬笔"还是"落笔"状态，以防止画出不需要的线条。

12.1.5 在Scratch中画等边三角形

等边三角形有 3 条边、3 个角。3 条边的长度相同；3 个角的大小也都相同，都是 60 度。

图 12-6 所示的等边三角形 *ABC*，∠1 是这个三角形的一个内角，它的角度是 60 度；∠2 是∠1 这个内角的外角，它与∠1 组成了一个平角，因此∠2 的角度是 120 度。

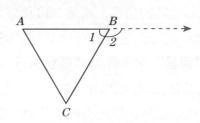

图12-6　等边三角形的内角与外角

画等边三角形与画正方形的区别有两个：一是要画的边数不同，正方形有 4 条边，因此要重复执行画边 4 次，等边三角形有 3 条边，重复执行画边 3 次；二是每次旋转的角度不同，画正方形每次旋转 90 度，画等边三角形每次旋转 120 度。

画等边三角形的代码如图 12-7 所示。

图12-7　画等边三角形的代码

| 想一想 | 画正方形和画等边三角形的两段代码有什么共同的地方，有什么不同的地方？你发现了什么？ |

12.1.6　在Scratch中画正多边形

各条边都相等、各个角也都相等的多边形叫作正多边形。等边三角形、正方形都是最常见的正多边形，也可以叫作正三边形、正四边形。

通过画正三边形、正四边形，我们可以发现：重复执行的次数，就是正多边形的边数；画完一条边以后旋转的角度，就是360度除以边数的商。

因此要画一个用户指定的正多边形，可以通过"**询问 ×× 并等待**"积木获取用户的输入，然后将"**回答**"积木作为"**重复执行 ×× 次**"积木的参数，用户要画哪个正多边形，就重复执行指定的次数；每次重复都是先移动，然后再将360度除以"回答"（也就是正多边形的边数）的商作为旋转的角度。

画正多边形的代码如图12-8所示。

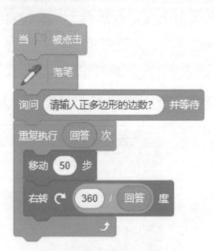

图12-8　画正多边形的代码

试一试　如果在图 12-8 所示代码中，用户输入一个比较大的数字——比如99，程序还会画出正九十九变形吗？如何解决这个问题？

 12.2 课程回顾

课程目标	掌握情况
1. 认识"画笔"扩展分类积木，了解 Scratch 角色能够在舞台上画出图形的原理	☆ ☆ ☆ ☆ ☆
2. 学会使用"落笔""抬笔""全部擦除""将笔的粗细设为××"和"将笔的粗细增加 ××"等积木编写程序	☆ ☆ ☆ ☆ ☆
3. 知道正多边形以及正多边形的内角、外角的概念，掌握它们的图形特征及相关数学关系	☆ ☆ ☆ ☆ ☆
4. 能够编写程序画出等边三角形、正方形、正五边形、正六边形等常见的正多边形	☆ ☆ ☆ ☆ ☆

12.3 课程练习

1. 单选题

（1）在 Scratch 中，可以使用（　　）分类的积木画正方形。

　　A. 声音　　　　　B. 外观　　　　　C. 画笔　　　　　D. 运算

（2）Scratch 舞台上如果有角色"落笔"留下的痕迹，可以使用（　　）积木清除。

　　A. 全部擦除　　　　B. 图章　　　　C. 落笔　　　　D. 抬笔

（3）画笔当前的粗细是 2，要将其改为 5，可以使用以下（　　）积木。

　　A. 将笔的粗细增加 1　　B. 将笔的粗细设为 1　　C. 将笔的粗细增加 5　　D. 将笔的粗细设为 5

2. 判断题

（1）在 Scratch 3 中，必须先单击"添加扩展"按钮添加"画笔"扩展分类，才能让角色使用相关积木在舞台上画画。（　　）

（2）默认状态下，Scratch 中的角色都处于"抬笔"状态，移动的时候不会留下痕迹。（　　）

3. 编程题

编写一个能画出边长大于等于 6 且小于等于 10 的正多边形的程序。

（1）准备工作

删除舞台上默认的小猫角色，添加名为"Arrow1"的角色。

（2）功能实现

程序运行后，清除舞台上所有角色的痕迹，然后显示"请输入正多边形边数（该数值大于等于 6 且小于等于 10）"，用户输入后能够画出相应的正多边形。

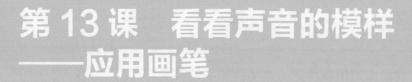

第13课　看看声音的模样
——应用画笔

同学们知道什么是心电图吗？心电图是利用心电图机上的电极片在人体表面采集心脏产生的电学活动，将其处理为可视图形的一种技术，可反映心脏电活动的规律。小猫喵喵是一位科学发烧友，它想把生活中的科学知识通过简单易懂的方式让同学们理解。这几天它在研究声波，想把声波像心电图那样画出来，让大家都能看得见。范例作品如图 13-1 所示。

制作本课的范例作品，在正确连接麦克风之后，我们可以利用软件来采集声波。用"画笔"分类的积木绘制出声波波形，用**"响度"**积木设置声波的幅度。随着画笔在水平方向移动，声波波形图案便显示出来。

作品预览

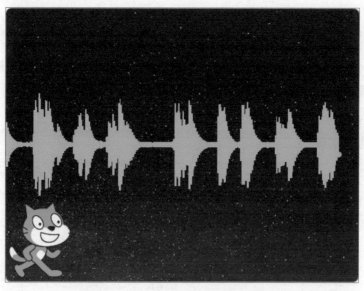

图13-1　"看看声音的模样"范例作品

13.1　课程学习

13.1.1　相关知识与概念

1．初步认识波形图

物体振动会产生声波，声波可以通过空气等介质传播。当人的听觉器官（耳朵）感知到声波，并把信号传递给大脑时，人就听到了声音。因此声音的传播实质上是声波的传播。

声波看不见、摸不着，但可以用图像形象地表示。图 13-2 所示就是默认的小猫角色自带的"喵"叫声的波形图。左图是 Scratch 声音编辑器中显示的波形图，右图是某个声频处理软件中显示的波形图。

 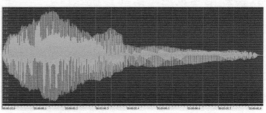

图13-2　"喵"叫声的波形图

2．认识新的积木

响度：属于"侦测"分类，用于获取麦克风所采集声音的强弱。返回的数值范围为 -1~100，返回的数值越大，表明声音越响；返回 -1 表明声音采集设备不可用。

将笔的颜色设为 ●：属于"画笔"分类，用于设置当前角色的画笔颜色。积木有一个颜色参数，单击可以在打开的"颜色选择"面板中指定需要设置的颜色。

13.1.2　准备工作

1．设置舞台背景

范例作品是在舞台上绘制声波波形，因此尽量选择画面简单、颜色单一的图片作为舞台背景。可以通过"选择一个背景"对话框添加名为"Stars"的星空

图片作为舞台背景，同时删除默认的空白背景图片。

2．设置角色

任何角色都可以用来画声波波形，包括默认的小猫角色。在范例作品中，为了拥有更好的视觉效果，我们绘制了一个绿色的小圆点。可以先在"填充"下拉设置框中，设置颜色为 30、饱和度为 100、亮度为 100；再设置轮廓值为 0，也就是取消所绘制图形的轮廓，绘制一个实心圆。如果绘制的圆点比较大，可以在初始化代码中添加**"将大小设为 ××"**积木，设置合适的大小。

3．编写初始化代码

单击选中绿色圆点角色，编写这个角色的初始化代码，使得程序一运行，就先擦除之前绘制的图片，将笔的颜色设为与圆点的颜色相同；再抬笔，将这个角色移到指定坐标，也就是舞台最左边，垂直居中；接着设置角色面向右边，也就是从左向右画声波波形；最后再落笔，准备绘制声波波形。

绿色圆点角色的初始化代码如图 13-3 所示。

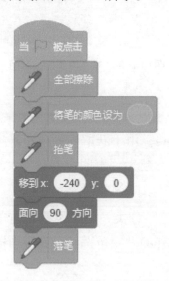

图13-3　绿色圆点角色的初始化代码

13.1.3　把声波波形画出来

要把声波波形画出来，最重要的是能够获取当前的音量，也就是"响度"。

在 Scratch "侦测"分类中就有名为**"响度"**的积木，这个积木会返回一个范围为 −1~100 的数，数值越大，说明声音越响、音量越大。

　　将**"响度"**积木作为**"将 y 坐标设为 ××"**积木的参数，也就是设置圆点的 y 坐标为声音的响度值；再使用**"移动 ×× 步"**积木移动 1 步。由于在初始化代码中已经设置了**"落笔"**，因此绿色圆点角色就画出了表示当前声音的一个点。像这样重复执行，就会画出与声音响度相符的声波波形。

　　绿色圆点角色画出声波波形的代码如图 13-4 所示。

图13-4　绿色圆点角色画出声波波形的代码

试一试　图 13-4 所示的代码中，**"移动 ×× 步"**积木的参数可以比 1 大吗？可以是小数吗？这个积木的参数在代码中起什么作用？

13.1.4　画出全幅声波波形

　　图 13-4 所示的代码中，由于响度值是一个大于等于 0 的数值，因此所绘制的声波波形是半幅的，都在舞台的上半部分，与一般的波形图不太一样。

　　要画出全幅的声波波形，只要在图 13-4 所示的代码中再添加一个**"将 y 坐标设为 ××"**积木，设置参数为负的响度值（也就是 0 减去响度值得到的结果）。

　　绿色圆点角色画出全幅声波波形的代码如图 13-5 所示。

图13-5　绿色圆点角色画出全幅声波波形的代码

想一想　图13-5所示代码画出的是水平状态的声波波形，如何画出垂直状态的声波波形？

13.1.5　持续不断地画出声波波形

图13-5所示代码在实际运行过程中，当绿色圆点角色绘制的声波波形移动到舞台最右边时，由于Scratch舞台的 x 坐标最大值是240，会没办法继续画下去。

要让绿色圆点角色持续不断地画出声波波形，需要再添加单项分支"**如果××那么××**"积木，判断 x 坐标是否等于240，也就是绿色圆点角色有没有移动到舞台最右边，如果已经移到最右边，那么把它重新移到舞台最左边，也就是坐标为（-240，0）的点，同时擦除之前画的全部图像，准备重新开始画新的声波波形。

绿色圆点角色持续不断画出声波波形的代码如图13-6所示。

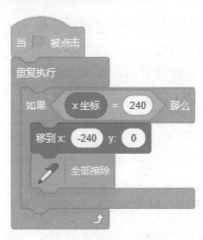

图13-6　绿色圆点角色持续不断画出声波波形的代码

试一试　除了图 13-6 所示代码所用的方法，尝试采用其他方法，使绿色圆点角色能够持续不断地画出声波波形。

 13.2　课程回顾

课程目标	掌握情况
1. 认识波形图，知道波形图是声音的一种形象化表示方式	☆ ☆ ☆ ☆ ☆
2. 学会使用"响度""将笔的颜色设为 ××"等积木编写程序	☆ ☆ ☆ ☆ ☆
3. 进一步理解不确定性循环，能够熟练使用"画笔""运动"等分类的积木编写程序	☆ ☆ ☆ ☆ ☆
4. 通过实例程序，体验抽象概念形象化表示的方法，打开思路，提高 Scratch 编程技能	☆ ☆ ☆ ☆ ☆

 13.3　课程练习

1. 单选题

（1）　积木可以擦除（　　）。

　　A. 舞台上所有角色绘制的图形　　B. 舞台上当前角色绘制的图形

　　C. 舞台上的所有角色　　D. 舞台上的所有角色和背景

（2）以下关于 响度 积木的说法中，错误的是（　　）。

    A. 属于"侦测"分类

    B. 获取的是麦克风所采集声音的强弱

    C. 返回的数值越大，表明声音越弱

    D. 如果计算机没有声音采集设备，返回值为 −1

2. 判断题

（1）音量 和 响度 这两个积木的功能其实是一样的。（　　）

（2）将笔的颜色设为 积木中的颜色参数可以通过"颜色""饱和度""亮度"这 3 个维度设置，每个维度的数值范围都是 0~100。（　　）

3. 编程题

用 Scratch 编写能够跟随麦克风采集的声音音量跳动的篮球程序。

（1）准备工作

删除舞台上默认的小猫角色，添加名为"Basketball"的角色。

（2）功能描述

运行程序后，角色"Basketball"位于舞台的下方，篮球随麦克风采集的声音音量跳动。

第14课 打气球
——侦测视频运动幅度

摄像头是一种视频输入设备。利用摄像头，人们可以打破距离限制，在与网络另一端的人进行交流时，不仅可以听到声音，还可以看到实时的图像。在 Scratch 中，我们可以非常方便地控制摄像头，感知玩家在摄像头前移动的速度和方向。借助这种有趣的功能，我们可以设计出一个程序帮助小猫打气球。范例作品如图 14-1 所示。

本课的范例作品可以通过摄像头拍摄到的图像去"打气球"。要制作这个程序，除了常规的选择舞台背景、添加角色、控制气球在舞台上运动以外，最重要的是使用"视频侦测"分类中的积木去控制摄像头，侦测摄像头所拍摄图像有没有碰到气球。

作品预览

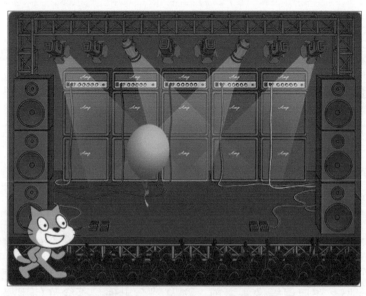

图14-1 "打气球"范例作品

14.1 课程学习

14.1.1 相关知识与概念

1. 认识"视频侦测"

在 Scratch 中，要对摄像头所拍摄的图像进行控制，需要使用"视频侦测"分类的积木。这类积木在 Scratch 3 中也不是默认显示的分类，属于扩展分类，使用之前同样需要先单击"添加扩展"按钮，在打开的"选择一个扩展"对话框中添加。图 14-2 所示就是添加了"视频侦测"分类之后的积木区。

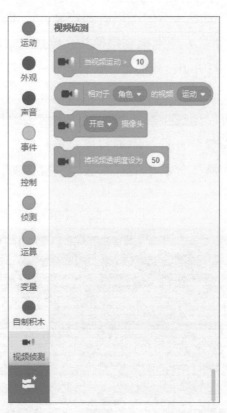

图14-2 添加"视频侦测"分类后的积木区

默认情况下，添加了"视频侦测"分类以后，Scratch 会自动打开摄像头，将摄像头拍摄的图像叠加到舞台原有的角色和背景图片上。如果你使用的是在线版 Scratch，那么在启用摄像头之前，浏览器会出现是否允许使用摄像头的安全

提示对话框，只有单击"允许"按钮才能正常使用摄像头。

2. 认识新的积木

：属于"视频侦测"分类，设置摄像头状态。积木有一个下拉列表参数，用于指定摄像头的具体状态；默认是"开启"选项，也就是启用摄像头；除此之外还有"关闭""镜像开启"选项，其中"镜像开启"选项是指摄像头拍摄的图像以镜像方式呈现（左右相反）。

：属于"视频侦测"分类，用于设置摄像头拍摄图像的透明度。积木有一个参数，用于设置透明度的值，范围是 0~100，数值越大，透明度越高；当参数值为 100 时，拍摄的图像完全融合、虚化到舞台背景中；当参数值为 0 时，舞台上只有摄像头拍摄的图像，看不到舞台原来的背景图片和角色。

：属于"视频侦测"分类，获取相对于指定对象的视频侦测值。积木有两个参数，第一个是下拉列表参数，用于指定对象，选项包括"角色"和"舞台"；第二个也是下拉列表参数，用于选择侦测的类型，选项包括"运动"和"方向"，也就是返回相对于角色（或者舞台）的运动幅度或者运动方向值。

14.1.2 准备工作

1. 设置舞台背景

本课的范例作品背景是个舞台，可以从"选择一个背景"对话框中添加名为"Concert"的音乐会舞台背景图片，同时删除默认的空白背景图片。

2. 设置角色

默认的小猫角色只是观众，不需要编写代码，可以将它拖曳到舞台左下角。

再通过"选择一个角色"对话框添加名为"Balloon"的气球角色，单击"造型"选项卡，可以看到这个角色有 3 个造型，保留一个你最喜欢的造型，删除另外两个。

在"造型"选项卡中复制保留的造型，然后对复制的造型进行编辑，使用工具栏中的"橡皮擦"工具按钮，使这个造型变成图 14-3 所示的样子——一个炸破的气球。

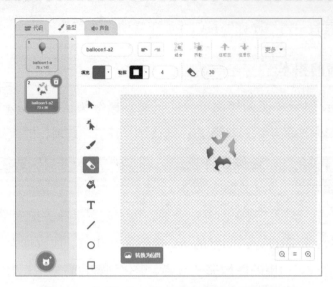

图14-3　对"Balloon"气球角色的造型进行编辑

3. 编写初始化代码

由于"Balloon1"气球角色在程序运行过程中会改变造型、大小等属性，因此我们需要为它编写初始化代码。同时范例作品还会使用摄像头，因此我们还应该在初始化代码中添加"视频侦测"分类中相关的积木，设置摄像头状态及透明度。

"Balloon1"角色的初始化代码如图 14-4 所示。

图14-4　"Balloon1"角色的初始化代码

试一试　除了图 14-4 所示的初始化代码，你认为还要给"Balloon1"角色添加其他积木吗？为什么？

14.1.3 让气球在舞台上随机出现并向上移动

要让气球在舞台上的随机位置出现，并且自动向舞台上方移动，主要思路是：首先将气球移到随机位置，并且设置 y 坐标为 -200；然后重复增加 y 坐标，使气球向舞台上方移动，一直到 y 坐标大于 200，也就是到达舞台顶部。最后将这些积木组合到"**重复执行**"积木中。

气球在舞台上随机出现并向上移动的代码如图 14-5 所示。

图14-5 气球在舞台上随机出现并向上移动的代码

想一想 在图 14-5 所示的代码中，"**将 y 坐标设为 ××**""**××＞××**""**将 y 坐标增加 ××**"这 3 个积木的参数可以是其他值吗？为什么？你认为最合适的值是多少？

14.1.4 侦测并打破气球

要侦测气球有没有被摄像头所拍摄到的手碰到，最重要的是使用"**相对于 ×× 的视频 ××**"积木。由于本课范例作品是侦测拍摄到的视频相对于角色的运动，因此不需要改变参数值，这样积木会返回一个表示拍摄到的图像相对于当前角色的运动幅度的数值，数值越大，运动幅度也就越大。

　　当侦测到气球被摄像头所拍摄到的手碰到了，也就是拍摄到的图像相对于气球的运动幅度大于某个数值时，就播放声音，将气球角色的造型切换为气球炸破的造型，然后让气球角色隐藏起来，重新在新的随机位置显示。

　　侦测并打破气球的代码如图14-6所示。

图14-6　侦测并打破气球的代码

想一想　运行图14-6所示的代码，为什么气球被打破后没有继续向上移动，而是在新的随机位置重新出现并向上移动？

14.2 课程回顾

课程目标	掌握情况
1. 认识"视频侦测"扩展分类积木，知道这类积木是用于控制摄像头及感知摄像头拍摄的图像的	☆ ☆ ☆ ☆ ☆
2. 学会使用"**开启摄像头**""**将视频透明度设为××**"和"**相对于××的视频××**"等积木编写程序	☆ ☆ ☆ ☆ ☆
3. 学会根据实际程序运行环境、运行要求调试相关积木参数的方法，养成不断优化程序、增强程序效果的编程习惯	☆ ☆ ☆ ☆ ☆
4. 能够综合运用所学知识，编写比较复杂的、具有一定实用价值的 Scratch 程序	☆ ☆ ☆ ☆ ☆

 14.3 课程练习

1. 单选题

（1）要想舞台上只显示摄像头拍摄的图像，不显示舞台背景图片，以下最合适的积木是（　）。

A. 将视频透明度设为 0　　B. 将视频透明度设为 50

C. 将视频透明度设为 100　　D. 将视频透明度设为 200

（2）如果摄像头拍摄到的手的运动幅度非常大，相对于 角色 的视频 运动 积木的返回值最可能是（　）。

A. -50　　　B. 0　　　C. 50　　　D. 80

2. 判断题

（1）在 Scratch 3 中，"视频侦测"与"画笔"一样，都属于扩展分类。
（　）

（2）"视频侦测"分类的积木，只能侦测摄像头所拍摄到的手的动作。
（　）

青少年软件编程基础与实战（图形化编程二级）

3. 编程题

编写一个通过摄像头抓老鼠的游戏程序。

（1）准备工作

添加合适的舞台背景；删除舞台上默认的小猫角色，添加名为"Mouse1"的角色；准备并连接好摄像头。

（2）功能实现

运行程序后，老鼠在舞台左边的随机位置出现并向右边移动，玩家通过摄像头用手抓老鼠，抓住老鼠后播放一段代表胜利的音效，然后游戏重新开始。

第15课　送小企鹅回家
——侦测视频运动方向

　　小猫喵喵的好朋友小企鹅来做客，它们在雪地里一会儿堆雪人，一会儿扔雪球，玩得可开心了。可是天气突变，看起来要下暴风雪了，小企鹅想要回家。喵喵不放心小企鹅独自一人回家，于是拿出了神奇的"回家手套"。让我们使用这个"回家手套"，把小企鹅安全送回家吧。范例作品如图15-1所示。

　　制作本课的范例作品，我们可以利用"开启摄像头"积木和**"将视频透明度设为××"** 积木搭建游戏环境，用**"相对于角色的视频运动"** 和**"相对于角色的视频方向"** 积木控制摄像头的体感灵敏度，让小企鹅乖乖地跟着"回家手套"安全回家。

作品预览

图15-1　"送小企鹅回家"范例作品

15.1 课程学习

15.1.1 准备工作

1. 设置舞台背景

本课的范例作品是"送小企鹅回家"，企鹅生活在寒冷的南极，我们可以通过"选择一个背景"对话框添加名为"Winter"的冬天雪地背景图片，同时删除默认的空白舞台背景图片。

2. 设置角色

删除默认的小猫角色，然后通过"选择一个角色"对话框添加名为"Penguin 2"的企鹅角色，将名为"Goalie"的角色作为送小企鹅回家的手套角色，将名为"Rocks"的角色作为小企鹅的家。

其中"Penguin 2"企鹅角色仅保留"penguin2-a"造型，"Goalie"手套角色仅保留"Goalie-d"造型，删除其他多余造型。

3. 编写初始化代码

分别为"Penguin 2"企鹅角色、"Goalie"手套角色以及"Rocks"小企鹅的家角色编写初始化代码，设置这些角色的大小、位置；其中企鹅角色的初始位置是 y 坐标为 −120 的随机位置。至于**"开启摄像头"**及**"将视频透明度设为××"**这两个积木，只要在一个角色中添加就可以了。

这 3 个角色的初始化代码如图 15-2 所示。

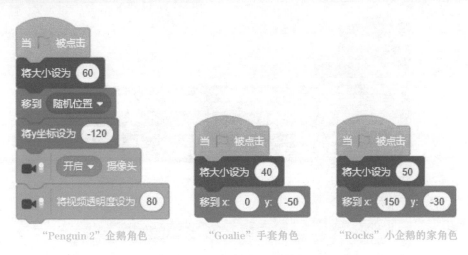

"Penguin 2" 企鹅角色　　　　"Goalie" 手套角色　　　　"Rocks" 小企鹅的家角色

图15-2　角色的初始化代码

15.1.2　用摄像头控制手套角色移动

要用摄像头拍摄到的图像控制"Goalie"手套角色移动，需要使用两次**"相对于 ×× 的视频 ××"**积木。

第一次使用该积木时不需要修改积木参数，这时该积木的作用是侦测拍摄到的图像相对于手套角色的运动幅度。当运动幅度大于指定值（范例作品中是20）时判断条件为真，就执行与移动相关的积木移动手套角色。

第二次使用该积木时需要设置积木的第二个参数的值为"方向"，这时该积木的作用是侦测拍摄到的图像相对于手套角色的运动方向。我们将侦测到的方向作为角色面向的方向，从而使手套角色能够向着拍摄图像的运动方向移动。

用摄像头控制手套角色移动的代码如图 15-3 所示。

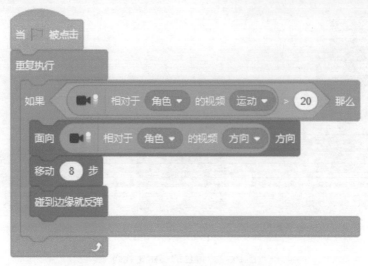

图15-3 用摄像头控制手套角色移动的代码

试一试 要让手套角色的移动更加平滑，除了与单项分支"**如果 ×× 那么 ××**"积木的判断条件有关，还与哪些因素有关？

15.1.3 让小企鹅跟随手套角色移动

要让小企鹅跟随手套角色移动，需要重复判断是否碰到了"Goalie"手套角色。如果碰到了，就让小企鹅跟随手套角色"Goalie"一起移动。

小企鹅跟随手套角色移动的代码如图 15-4 所示。

图15-4 小企鹅跟随手套角色移动的代码

试一试　小企鹅跟随手套角色移动的代码也可以如图 15-5 所示，这两段代码有什么不同？你认为哪段代码更好？为什么？

图15-5　小企鹅跟随手套角色移动的第二种代码

15.1.4　侦测小企鹅是否到家

程序最后还需要侦测小企鹅是否到家，也就是重复判断是否碰到了"Rocks"这个角色。如果碰到了，就隐藏小企鹅、播放声音，表示成功将小企鹅送回家；然后等待 1 秒，重新在随机位置显示小企鹅，继续玩这个游戏，也可以设置结束运行程序。

侦测小企鹅是否到家的代码如图 15-6 所示。

图15-6　侦测小企鹅是否到家的代码

想一想　要让这个游戏更好玩，还可以怎样设计？

15.2 课程回顾

课程目标	掌握情况
1. 熟练使用"视频侦测"扩展分类的积木编写程序	☆ ☆ ☆ ☆ ☆
2. 通过编写实例，深入理解**"相对于 ×× 的视频 ××"**积木两组参数的含义，能够根据实际需要设置合适的参数值	☆ ☆ ☆ ☆ ☆
3. 熟练掌握相关积木参数的调整方法，使程序得以优化	☆ ☆ ☆ ☆ ☆
4. 能够综合运用所学知识，编写比较复杂的、具有一定实用价值的 Scratch 程序	☆ ☆ ☆ ☆ ☆

15.3　课程练习

1. 单选题

（1）如果现实中在左侧的物体，通过摄像设备拍摄后，要在 Scratch 舞台右侧出现，可以使用以下（　　）积木。

A. ◄ 开启 ▼ 摄像头　　　　B. ◄ 关闭 ▼ 摄像头

C. ◄ 镜像开启 ▼ 图像头　　D. ◄ 将视频透明度设为 50

（2）当计算机没有摄像设备或者摄像设备处于关闭状态时，◄ 相对于 角色 ▼ 的视频 方向 ▼ 积木的返回值是（　　）。

A. −1　　　B. 0　　　C. 1　　　D. 100

2. 判断题

（1）将 ◄ 将视频透明度设为 50 积木的参数设为 0，在舞台上只会显示背景图像，摄像设备拍摄的图像并不会显示。（　　）

（2）在摄像设备正常可用的情况下，◄ 相对于 角色 ▼ 的视频 方向 ▼ 积木获取的是摄像设备所拍摄图像相对于角色的运动方向值。（　　）

3. 编程题

编写一个根据需要控制火箭角色命中不同目标的程序。

（1）准备工作

删除舞台上默认的小猫角色，添加名为"Rocketship"的火箭角色，添加其他所需角色。

（2）功能实现

运行程序后，用户可利用 Scratch 中的视频侦测功能控制火箭的运动轨迹，让它击中目标。

第16课　保卫城堡
——综合运用

这天，小猫喵喵正在城堡中游玩，突然听到城堡内响起急促的警报声。原来有敌人来空袭，喵喵决定参加战斗，保卫城堡。你能够帮助喵喵打赢这场战斗吗？范例作品如图16-1所示。

制作本课的范例作品，你需要综合运用掌握的 Scratch 编程技能，使用键盘上的按键控制喵喵左右移动以躲避敌人的攻击，还要抓住时机发射火箭打击入侵的敌人。

作品预览

图16-1　"保卫城堡"范例作品

 16.1 整体分析

本课的范例作品是小猫保卫城堡，与在空中飞行的敌人进行战斗的游戏。

游戏的背景是固定的城堡图片；角色共有 4 个，分别是城堡保卫者——小猫、敌人——机器人 Robot、小猫的武器——火箭 Rocketship、敌人的武器——闪电 Lightning。

这些角色在游戏中的主要动作如表 16-1 所示。

表 16-1　范例作品的角色及在作品中的主要动作分析

角色	主要动作
小猫	（1）小猫在舞台下方由玩家通过键盘上的方向键控制左右移动； （2）玩家按空格键，小猫会发射火箭攻击机器人； （3）小猫可能会被机器人自动发射的闪电击中
机器人（Robot）	（1）机器人在舞台上方随机位置自动从右往左飞行； （2）在飞行过程中，机器人会发出声音，会自动发射闪电攻击小猫； （3）机器人可能会被小猫发射的火箭击中
火箭（Rocketship）	（1）火箭是小猫的武器，跟随小猫移动； （2）玩家按空格键，火箭会从小猫所在位置发射，向上飞行； （3）如果火箭没有碰到机器人会自动重新出现，继续跟随小猫移动；如果碰到机器人，会显示机器人被击中的效果
闪电（Lightning）	（1）闪电是机器人的武器，会自动发射，从舞台上方机器人所在的位置向下飞行； （2）如果闪电没有碰到小猫，会从机器人所在的位置重新发射；如果碰到小猫，会显示小猫被击中的效果

 16.2 准备工作

1. 设置舞台背景

本课范例作品是小猫“保卫城堡”，我们需要通过“选择一个背景”对话框添加名为“Castle 4”的图片作为舞台背景，同时删除默认的空白背景图片。

2. 设置角色

除了主角小猫，再通过“选择一个角色”对话框添加名为“Robot”的机器人角色作为攻打城堡的敌人，添加名为“Rocketship”的火箭角色作为小猫的武器，添加名为“Lightning”的闪电角色作为敌人的武器。

在小猫角色的“造型”选项卡中可以看到这个角色有两个造型，范例作品只使用“造型 1”，删除不用的“造型 2”，再复制“造型 1”，当角色被闪电击

中时使用，将复制的造型的身体颜色由原来的黄色修改为红色。

在机器人角色的"造型"选项卡中可以看到这个角色有 4 个造型，范例作品使用了"robot-a"和"robot-d"这两个造型，其中"robot-a"造型在进攻城堡正常飞行时使用，"robot-d"造型在被小猫击中逃跑时使用，将其他多余的造型删除；由于机器人是从舞台右边向左边飞行，因此选中"robot-a"造型缩略图，在图像编辑器上方的工具栏中，单击"水平翻转"按钮，将造型翻转为面向左侧。

默认状况下，火箭角色"Rocketship"只会跟随小猫角色的造型中心移动，而不是出现在小猫手上，这样的显示效果不理想。要让火箭跟随小猫移动时出现在小猫的手上，可以按以下步骤操作，修改小猫角色的造型中心。

（1）单击"小猫"角色的"造型"选项卡，默认是对角色的第一个造型进行编辑。

（2）在图像编辑器的工具栏中，确认当前使用的是默认的"选择"工具；然后按住鼠标左键在图像编辑区拖曳选中整个造型图像。

（3）按住鼠标左键拖曳整个造型图像移动，将需要设置为造型中心的位置——也就是小猫的左手，对齐图像编辑器底部中间的十字形状图标，如图16-2所示。

图16-2　设置小猫角色的造型中心为左手

3．编写初始化代码

分别为 4 个角色添加图 16-3 所示的初始化代码，设置它们的角色大小、位置、造型等角色属性。

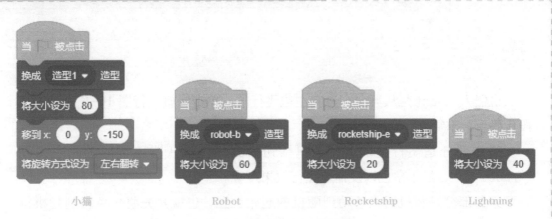

图16-3 角色的初始化代码

16.3 制作城堡保卫者——小猫的移动效果

在游戏中，小猫角色是用键盘上的←、→键控制在舞台上左右移动的。能够实现这种移动效果的方式有很多，图 16-4 所示是本课范例作品所使用的代码。

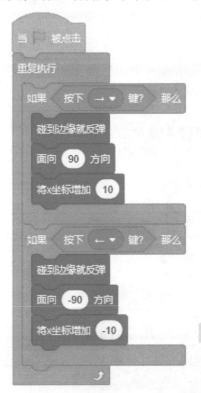

试一试

你还打算用什么方式控制小猫在舞台上左右移动？尝试编写出相应的代码。

图16-4 小猫左右移动的代码

青少年软件编程基础与实战（图形化编程二级）

16.4 制作敌人——机器人的飞行效果

机器人 Robot 是从舞台右边向左边飞行的。单击绿旗运行图 16-5 所示的这段代码后，重复执行 3 部分功能。

第一部分是飞行前的准备，包括切换到机器人正常飞行时的角色造型"robot-b"、显示角色以及播放飞行效果声音。

第二部分是将机器人移动到随机的起始位置，也就是先将角色移到随机位置；再设置它的 x 坐标为 240，也就是舞台最右边；最后为了防止机器人飞得太低，影响游戏效果，使用"**如果 ×× 那么 ××**"积木，在随机位置 y 坐标小于 0 时，将 y 坐标设为 0。

第三部分是从舞台右边的随机位置重复执行"**移动 ×× 步**"积木，使得机器人每次向左移动 5 步，直到 x 坐标小于 −200，也就是来到舞台最左边。

图16-5 机器人飞行的代码

图 16-5 所示的代码中添加了防止机器人出现位置过低的代码，如果需要防止机器人飞行太高，这段代码应该如何修改？

16.5 保卫者的武器——火箭的移动及发射

城堡保卫者——小猫的武器是火箭 Rocketship，它是跟随小猫一起移动的，由于小猫角色的造型中心在前面已经设置为小猫左手，因此火箭在跟随小猫移动时，看上去就像握在小猫的手上。图 16-6 所示是火箭移动及发射的代码，单击绿旗运行以后，重复执行两部分功能。

第一部分是将火箭移到小猫当前所在的位置，让火箭跟随小猫一起移动。

第二部分是条件判断：如果侦测到按下空格键——也就是玩家要发射火箭，就重复执行 y 坐标增大的操作，使得角色依次不断向上移动，直到 y 坐标大于 170——也就是到达舞台最上方，或者在向上移动过程中碰到机器人 Robot 为止。

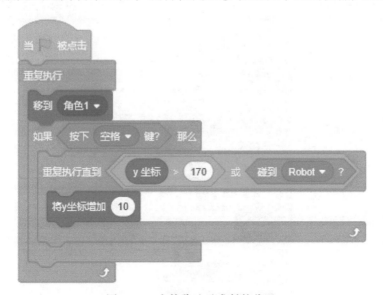

图16-6　火箭移动及发射的代码

图 16-5 所示代码中，机器人向左飞行使用的是 **"移动 × × 步"** 积木；图 16-6 所示代码中，火箭向上移动使用的是 **"将 y 坐标增加 × ×"** 积木，这两个积木在功能上有什么不同？你更喜欢使用哪个积木移动角色？为什么？

16.6 侦测火箭是否击中敌人

　　侦测火箭 Rocketship 是否击中敌人 Robot 的代码可以在火箭角色中编写，也可以在机器人角色中编写。范例作品中，火箭击中机器人以后，机器人会有一系列被击中后的效果，所以在机器人角色中编写这段代码更为合适。

　　图 16-7 所示就是机器人角色中用于侦测机器人是否被火箭击中的代码。单击绿旗运行以后，重复执行条件判断，如果侦测到机器人碰到火箭，就执行两部分功能。

　　第一部分是播放被击中的声音效果文件，把机器人角色的造型换成被击中后逃跑的造型，等待 0.2 秒，让用户看清楚，之后隐藏角色。

　　第二部分是将机器人角色的 x 坐标重新设为 240，也就是让它回到舞台最右边，并把机器人角色的造型换成正常的造型，显示角色，使得机器人可以重新从舞台右边向左边飞行。

图16-7　侦测火箭是否击中敌人的代码

试一试　机器人被击中后逃跑时，如果能够让它慢慢变小，显示效果会更好。请编写代码实现这样的功能。

16.7　敌人的武器——闪电的移动及发射

火箭是由小猫发射，用于打击入侵的敌人的；而闪电 Lightning 是由敌人 Robot 自动发射，用于打击城堡保卫者——小猫的。这两段代码基本相同，不同之处主要有两点。一是火箭从下往上移动，y 坐标增加的是正整数；而闪电从上往下移动，y 坐标增加的应该是负整数。二是火箭要等玩家按下空格键才能发射，而闪电是自动发射的，不断从机器人所在的位置向下移动。闪电移动及发射的代码如图 16-8 所示。

图16-8　闪电移动及发射的代码

16.8　侦测闪电是否击中小猫

侦测闪电是否击中小猫的代码与侦测导弹是否击中机器人的代码类似，可以在闪电角色中编写，也可以在小猫角色中编写。出于相同的原因，范例作品将这段代码编写在小猫角色中。

具体的代码也是单击绿旗运行以后，重复执行条件判断，如果侦测到小猫碰到闪电，就执行展示小猫被击中效果的代码。所不同的是被击中后，小猫会说"光荣负伤！"这样的提示文本。侦测闪电是否击中小猫的代码如图 16-9 所示。

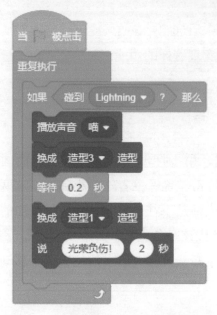

图16-9 侦测闪电是否击中小猫的代码

试一试　　"保卫城堡"这个游戏还能够改编得更好玩吗？尝试编写代码，实现自己的想法。